大氣輻射傳送原理

劉振榮——著

中央大學出版中心｜遠流

序

　　如何能更精準地監測及預測天氣和氣候變化？更瞭解颱風的行為及預測動向？更瞭解全球暖化機制及找出可能解決方案？發展出更有效率的太陽能電池？建構更具綠色概念的智慧大樓？建構更綠能的生活？……

　　這些問題，都有一個共同的工作交集——需先瞭解驅動地球大氣系統最重要的能量平衡，亦即太陽（短波）輻射與地球系統（長波）輻射間的平衡，而這就要瞭解大氣輻射原理。

　　絕大部分的地球圈能量都直接或間接來自太陽光的照射，而地球大氣與太陽輻射能量之間的交互作用造就了天氣和氣候變化，而兩者之間的能量收支平衡即使只些微變動，亦可能造成環境及生物圈的巨變，例如目前極受重視的全球暖化和氣候變遷。因此從另一方面而言，天氣和氣候觀測很重要的項目之一即是在量測大氣輻射量的變化。此外近代新興的遙測技術，特別是衛星遙測，也是建基於大氣輻射原理上。

　　這本《大氣輻射傳送原理》的目的即在提供對大氣物理、衛星遙測、全球暖化、氣候變遷等議題有興趣的相關研究人員及研究生上課或研習的教材之用。全書共分九章，第一、二章論述基本輻射概念，第三章介紹輻射傳送方程，這也是大氣輻射原理的數理精髓，第四章則描述反射、透射的計算，以及在地表效應下的漫射輻射，第五、六兩章推導均勻大氣時輻射傳送方程的近似解，第七章

則探討在非均勻大氣時輻射傳送的近似解，第八章討論不變性原理在求解輻射傳送上的應用，最後第九章再就輻射定義及數值求解等的問題進行補述。

由於大氣輻射傳送過程在微觀上相當複雜，這也表現在其輻射方程上。因此本書較適合於已具相當微積分與物理程度的大四學生或研究生；研讀過程亦建議可輔以相關大氣輻射數值模式的瞭解與模擬實習。

本書根基於本人在博士班《大氣輻射特論》之講授內容編寫而成，主要參考 Bugloa (1986) 所著 *Introduction to the Theory of Atmospheric Radiative Transfer* 一書，除了加上必要的補述和修正誤植部分外，亦融入本人多年來授課和研究心得，希望對相關領域的研究生或有興趣的學者專家在瞭解大氣輻射的過程與原理時能有所助益。

在動念編寫本書時，一直覺得理應輕鬆愉快，可以迅速完成。原因在於想說只是過去教學時的講授內容整理一下就可底定，再加上可以請求中央研究院曾忠一教授協助我做完整的檢視。曾忠一教授著作等身，且心思縝密，行事嚴謹，以往他在學生口試時對學生論文的深入審閱與精闢的修正建議，令人極為敬佩，因此若經其檢視，理應萬無一失。沒想到後來由於本人投入中央大學行政工作，歷經中央大學太空及遙測研究中心主任、副研發長、研發長，以及後續的副校長和代理校長工作前後近二十年，而在這其間也還代理過客家學院院長、理學院院長和管理學院院長，也代理過人文研究中心主任、台灣經濟發展研究中心主任、以及數據分析方法研究中心主任，目前則擔任通訊系統研究中心主任。因此使得編撰工作不只緩慢，甚且有時甚至停頓。直至近來卸任行政工作再積極投入，

卻不幸我們敬愛的曾忠一教授已離我們而去，無法如我期待的協助完善本書。我想也因此本書一定會有許多的缺失與遺漏，此點確實是我心中的一大遺憾。不過我仍然要表達我內心對曾忠一教授的感謝，感謝他激起我編撰此書的動力，雖然他一直不知道我在做這件事情。

最後我要感謝中央大學，因為我的教研生涯全都在此，而中央大學也全力地協助提供優質的教研環境，讓我成長而略有成績。此外也要感謝許多在本書編撰期間提供我相當助力的歷屆博士生們，如陳萬金、林唐煌、劉崇治、黃世任等教授，目前他們均學有所成，已分別在各公私立大學任教，表現均極為優異。此外博士生黃清順、陳昱均同學，以及博士後郭宗華博士對本書之付梓亦均有不可抹滅的協助和貢獻。另外，也謝謝我實驗室裡的多位碩士學生和助理的幫忙：已赴美攻讀博士學位的賴慧文、正在中大攻讀博士學位的張怡鈴、以及黃建齊和轉讀台大的林美玲。此外，研究助理陳良德和賴佑晟在協助文稿的整理及校正更是功不可沒。而對此書的完成，也要感謝我最親愛的家人，在我任職於中央大學期間，雖然對他們疏於照顧，仍全心全力地支持與體諒，讓我無後顧之憂。最後，也要感謝協助審查本書學者專家的編修建議，博士生張國恩和幾位碩士學生最後的校訂，以及中大出版社同仁的全力協助，讓本書能順利付梓。惟書中仍難免有疏漏或不足，亦祈各方專家不吝指正。

劉振榮
2019 年秋 于桃園中壢雙連坡
國立中央大學太空及遙測研究中心

目次 —————————————————————————————

第一章 前言

1.1 基本概念

　　本書內容主要探討較深入的輻射傳送（radiative transfer）觀念，而本章則先以簡單的敘述，陳述完整的輻射物理概念。在自然界中，我們一般將輻射（radiation）區分為兩種，分別為自然輻射與游離輻射，所謂自然輻射又稱為一般輻射，是本書所要探討的主軸，而游離輻射則是經由核蛻變所生成。人們往往誤將自然輻射與游離輻射混為一談，以為所有輻射都是很危險、很可怕的，其實不然，因為在日常生活或科技應用中，自然輻射常是我們極佳的利器，應用範圍極為廣泛。至於自然輻射是如何產生的呢？當物體有溫度，也就是物體的溫度非絕對零度時，即有自然輻射發射出來。若某物體為黑體（black body），則其所發射的能量強度由史特凡波茲曼（Stefan-Boltzmann）定律可知正比於絕對溫度的四次方。另外輻射能量強度（radiant intensity）亦與波長有關，由卜郎克函數（Planck function，圖1-1）顯示在不同溫度下輻射能量（radiant energy）之極大值所對應的波長位置亦不同，由汾因位移定律（Wien's displacement law）顯示最強能量的波長與絕對溫度成反比，而由此觀點即可很容易地瞭解自然界的輻射現象。在自然界中最容易看到的輻射能量就是太陽輻射（solar radiation），太陽的溫度約為6000K，故由汾因位移定律可知其所對應的波長約為0.5微米（μm），而0.5微米位於可見光（visible light）範圍，

由此可知太陽一出來，則大地一片光明，因為它會發射出人眼可以感應的可見光。另外地球系統平均溫度約為255K，由汾因位移定律計算出地球的最強能量波長大約位於10～11微米，此波長乃位於熱紅外線所在位置，因此一般肉眼無法看到。圖1-1a顯示一般最常見之太陽輻射，圖1-1b為地球輻射（earth radiation），圖1-1c則為標準化之太陽短波輻射和地球長波輻射，兩者的波長範圍及能量大小分布明顯不同，兩者的輻射能量幾乎不相干擾，一在可見光範圍而另一在熱紅外區域，此現象可稱為光譜分離（spectral separation），此一現象讓我們在處理輻射傳送時因其互不影響而簡化許多。關於黑體輻射（blackbody radiation）相關的基本理論，在下一節會有較為詳細的介紹。

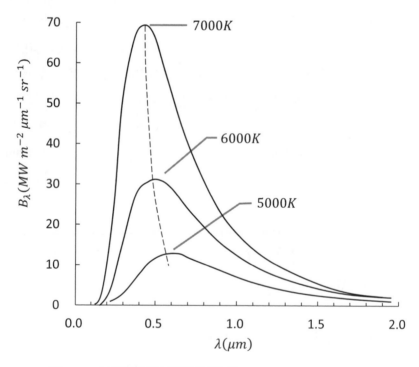

圖 1-1a 太陽光譜的黑體輻射強度（ Fleagle and Businger, 1963 ）

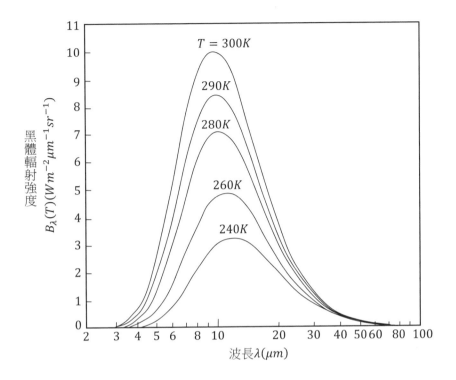

圖1-1b 地球長波輻射強度（Tseng, 1988）

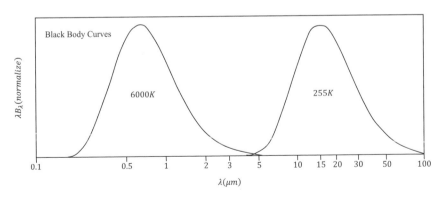

圖1-1c 標準化之太陽短波輻射和地球長波輻射（Goody and Yung, 1995）

可見光與紅外線（Infrared, IR）兩者在光譜特性上明顯不同，遙測（remote sensing）在應用可見光時，主要是利用可見光對於物體表面反射特性的不同，而分辨出物體形狀、顏色及反射強度，以獲得物體表面的資訊。可見光的顏色可約略再細分為紅橙黃綠藍靛紫，當可見光碰到物體時會有兩個現象產生，即「吸收」（absorption）和「反射」（reflection）作用，其中反射是散射（scattering）的特例。當物體將其所能吸收的顏色吸收，未被吸收的顏色則會被反射出來，而我們所見到顏色即是物體所反射出來的顏色。舉例而言，若是紅色物體，代表可見光照射到物體表面後，此物體吸收可見光中除紅光以外的橙、黃、綠、藍、靛、紫之光線，而反射紅光，所以我們會見到紅色的物體。至於白色的物體則為完全不吸收，即所有顏色的光均完全被反射所致。另外黑色的物體則為對可見光均完全吸收，不反射任何顏色的光，因此物體呈現黑色。另一方面在紅外線部分，因自然界中很多物體對紅外線的反射很小，也就是會大量吸收，例如雲，因此不能利用紅外線來遙測物體的表面反射特性。遙測應用在紅外線部分，因物體一定有溫度，而地球大氣系統中的溫度範圍會發射出紅外線，因此可由接收紅外能量而反演出物體的表面溫度。由以上光譜的特質可知，若要瞭解目標物體的表面特徵，可利用可見光波段加以偵測，若要獲得這物體的溫度，則需利用紅外線頻道量測。2003年春季全球爆發SARS（嚴重急性呼吸道症候群）疫情，亞洲華人地區尤其嚴重，因為該病症最直接反應出來的是發燒現象，亦即體溫遽升，而應用紅外線測溫技術因可快速且不需接觸人體量得體溫，耳溫槍與紅外線攝像儀（infrared video camera）因此大量地被使用，不過由於人體並非黑體且水氣對紅外線會產生吸收效應，因此一般應用紅外線量到之體溫會比實際體溫稍低一些。

　　1999年國人自主委託美國發射的福爾摩沙一號衛星（簡稱福衛一號），其上所搭載的海洋水色照相儀（Ocean Color Imager, OCI）資料曾有人問到為何不能遙測海溫呢？主因為福衛一號的海洋水色照相儀頻道皆為可見光，而可見光是偵測物體表面的反射特性，不能用於海洋表面溫度的測量。然則可見光是否一定無法應用於遙測溫度呢？其實不然，在天文學上利用汾因位移定律即可由可見光顏色估算出恆星的溫度。例如由觀測可知太陽光之顏色約略是黃色，則由其光譜可測量出太陽溫度約為5600K～6000K。同理，夜晚的星星顏色若是藍色，則因其波長較太陽光短（藍光比黃光波長短），故由前述的反比特性可約略推估其溫度約在8000K左右。而若星星顏色偏紅，則因紅光波長較長，推估其溫度約在4000K左右。

1.2　黑體輻射

　　前述曾提及黑體，則何謂黑體？黑體最簡單的定義是「所有入射能量會被完全吸收」，即其吸收率為1，所以在可見光波段對黑體的定義是物體表面因光線完全被吸收所呈現的顏色，由於沒有反射，故呈現黑色，這也是稱為黑體的原因。但對紅外線波長而言則黑體不一定為黑色，例如若有白色物體對紅外線完全吸收，即稱此白色物體為紅外線波段之黑體。不過一般在自然界中，並沒有真正的理想黑體存在，只有近似黑體的物體，但卻可用人為的方式製造出與黑體非常相似的物體，此物體稱為黑體腔（black body chamber），如圖1-2所示，取一不透明的空腔，將其內壁塗黑，在其腔壁挖一小孔，此時輻射能可經由此小孔進入空腔內。這一小孔相對於空腔若夠小，入射的輻射將會在此空腔內反覆的吸收與反射，輻射由此小孔離開空腔的機會非常

小，此時空腔幾乎完全吸收了輻射能，故此空腔的吸收率將接近於1，也就是所謂的黑體腔。

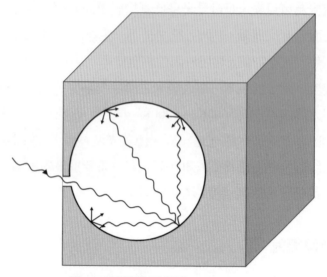

圖1-2 黑體腔示意圖（Liou, 2002）

1.2.1 卜郎克函數（Planck function）

為了合理地解釋輻射在真空中傳送的現象，卜郎克（1858~1947）在1901年做了二個基本假設以進行探討，第一：將原子視為一振盪器（oscillator），且其能態是不連續（discontinuity）的；第二，振盪器的輻射能量是不連續的，以整數量的形式躍遷，若能階（energy level）變化所造成的輻射之頻率為ν，則其能量可表示為$E_m = mh\nu$，m為量子數。所以因能階變化所產生的輻射能量為$\Delta E = h\nu$，且以電磁波形式在空間中行進。愛因斯坦（Einstein）也曾提出光是以粒子的形式在

空間行進的觀念，並成功地解釋光電效應（photoelectric effect）的行
為。因此從微觀（microscopic）的看法，電磁輻射（electromagnetic
radiation）是具有粒子的特性，可以用來解釋電磁輻射的能量分布及
電磁輻射（光子）與介質中粒子交互作用的情形。故由光子（photon）
的模式，可定義輻射場的基本性質——光譜強度（spectral intensity）。
根據前述的兩個假設，可以由理論推導出所謂的卜郎克函數，其數學
表示方式為：

$$B_\nu(T) = \frac{2h\nu^3}{c^2[\exp(h\nu/kT)-1]} \qquad （1\text{-}1）$$

其中，h 表卜郎克常數（6.626×10^{-34} joule-sec），c 表光速（2.998×10^8
m/sec），k 表波茲曼常數（1.381×10^{-23} joule/K），ν 表頻率（hz），T
則為絕對溫度（K），$B_\nu(T)$ 的單位為watts/（m²-hz-sr），sr為立體角單
位。

卜郎克函數也可利用波長的函數表示如下：

$$B_\lambda(T) = \frac{2hc^2}{\lambda^5[\exp(hc/k\lambda T)-1]} \qquad （1\text{-}2）$$

卜郎克函數可以用來描述依各物體發射的輻射強度及頻率（波長）與
其溫度間的關係，只要給定一個溫度便可透過卜郎克函數計算出各波
長所對應的黑體輻射強度，如圖1-1中所標示的曲線，黑體輻射強度
隨溫度升高而增大，而最大輻射強度的波長卻隨溫度升高而減小，表

示物體的溫度越高，所發射出的能量越強，但主要輻射出的波長卻越短。

對於地球的自然輻射系統而言，雖然主要的來源為太陽和地球的輻射，但所涵蓋的波長（頻率）範圍卻頗為寬廣，包括紫外線、可見光、紅外線以及微波（microwave）等波段，這些波段因各具其輻射特性，在後續的應用方面亦有所不同。同樣地，不同的頻道，在卜郎克函數的計算上，也有所調整，例如在微波波譜範圍中，卜郎克函數幾乎與絕對溫度成正比，以波長大於0.5公分為例，卜郎克函數中的指數項 $hc/k\lambda T$ 因 λ 較大，因此將遠小於1，此時便可做如下的近似：

$$\exp(hc/k\lambda T) = 1 + \frac{hc}{k\lambda T} + \cdots \qquad (1\text{-}3)$$

於是卜郎克函數可改寫成：

$$B_\lambda(T) \cong \frac{2kc}{\lambda^4} T \qquad (1\text{-}4)$$

同理 $B_\nu(T)$ 可表示為：

$$B_\nu(T) \cong \frac{2k\nu^2}{c^2} T \qquad (1\text{-}5)$$

上式即為瑞金輻射定律（Rayleigh-Jeans radiation law），通常在波長大於0.5公分的波譜區域也稱為瑞金（Rayleigh-Jeans）區域，在此區域中卜郎克函數和絕對溫度成正比。

同樣地，從紫外線波段到近紅外波段的波長較小（$\lambda < 10^{-3}$公分），此時 $hc/k\lambda T >> 1$，卜郎克函數則可做如下的近似：

$$B_\lambda(T) \cong \frac{2hc^2}{\lambda^5} \exp\left(- hc/k\lambda T\right) \qquad （1\text{-}6）$$

上式稱為汾因輻射定律，在波長小於10^{-3}公分的波譜區域即是所謂的汾因區域，此時卜郎克函數是非線性的。

圖1-3表示汾因和瑞金輻射定律通用的範圍，圖上兩條實線偏離虛線的程度代表這兩個定律偏離卜郎克定律的誤差程度。

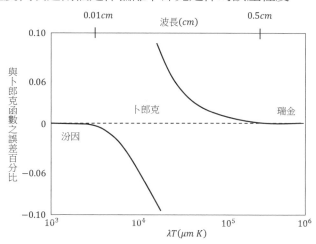

圖 1-3　汾因和瑞金定律偏離卜郎克定律的誤差程度（Tseng, 1988）

1.2.2 史特凡波茲曼定律（Stefan-Boltzmann law）

由於黑體輻射是各向同性的（isotropic），即輻射強度的大小與方向無關，因此黑體所發射的總通量密度（total flux density, F），可透過卜郎克函數對整個波長範圍（由0至∞）積分獲得。

首先，黑體發射出的總輻射強度 $B(T)$ 可由卜郎克函數對整個波長積分得到：

$$B(T) = \int_0^\infty B_\lambda(T)d\lambda \qquad (1\text{-}7)$$

（1-7）式中代入卜郎克函數並查積分表可得：

$$B(T) = bT^4 \qquad (1\text{-}8)$$

其中 $b = \dfrac{2\pi^4 K^4}{15c^2h^3}$

因黑體輻射為各向同性，因此

$$F = \pi B(T) = \pi \int_0^\infty B_\lambda(T)d\lambda = \pi b T^4 = \sigma T^4 \qquad (1\text{-}9)$$

上式中 σ 為史特凡波茲曼常數，其值為 5.67×10^{-5} erg/cm²-sec-K⁴。由（1-9）式說明了黑體所發射的通量密度正比於其絕對溫度的四次方，這也就是史特凡波茲曼定律（Stefan-Boltzmann law），此一關係式為紅外輻射（infrared radiation）的傳輸基礎，對於地球長波輻射總量的

估算方面相當重要。物體所發射出的總通量密度假設等於一黑體的發射總量，此時此黑體的溫度就稱為該物體的有效溫度（effective temperature），而在許多的科學資料應用中，亦常出現亮度溫度（brightness temperature）這個名詞，實際上亮度溫度與有效溫度的物理觀念相同，只是前者針對單色（monochromatic）光（單一波長或頻率）的輻射強度而言。

1.2.3 汾因位移定律（Wien's displacement law）

黑體輻射強度最大值所對應的波長，可藉由卜郎克函數對波長微分後，其值為0處所對應的波長即為黑體輻射最強的波長位置，亦即

$$\frac{\partial B_\lambda(T)}{\partial T} = 0 \qquad （1\text{-}10）$$

故最大波長 $\lambda_m = a/T$，$a = 0.2897\,\text{cm-K}$

上式即為汾因位移定律，說明了黑體輻射最大強度的波長和其絕對溫度成反比（可參考圖1-1a）。如前所述，假設太陽的溫度約為6000K，則藉由此定律的計算，可知其最大輻射強度所對應的波長為0.483微米，同樣地，如果地球的平均溫度為255K，則最大輻射強度所對應的波長為11.3微米。

1.2.4 克希何夫定律（Kirchhoff's law）

上述1.2.2節與1.2.3節黑體輻射函數及定律主要是談論輻射強度，在真實的情況下，輻射強度的大小也和發射率有關，而發射率則為溫

度和波長的函數。介質可以發射（emission）特定波長的輻射能量，同時也能吸收相同波長的輻射能量，克希何夫（Kirchhoff, 1824~1887）於1859年首先提出介質吸收和發射相關的物理概念，首先假設一黑色壁面的絕熱（adiabatic）體，在完全熱力平衡（thermodynamic equilibrium）狀態下，具有均一的溫度和各向同性的輻射，此時黑色的壁面吸收了整個系統向它發射的輻射能量，同時亦發射出和吸收等量之輻射，以維持系統的熱力平衡狀態。這類系統內的輻射可稱為黑體輻射，在特定的波長下，其輻射強度的大小僅為溫度的函數。根據上述的說明，在完全熱力平衡狀態下，介質的發射率 ε_λ（Emissivity）等於吸收率 A_λ（Absorptivity），這就是所謂的克希何夫定律。這裡所指的發射率可定義為發射強度和其對應的卜郎克函數的比值，吸收率的定義亦和發射率相同。因此，我們可表示為 $\varepsilon_\lambda = A_\lambda$，對黑體而言，所有波長的吸收率和發射率都具有最大值，即 $\varepsilon_\lambda = A_\lambda = 1$。克希何夫定律必須在完全熱力平衡狀態下才成立，包括溫度恆定且輻射場各向同性，對地球大氣系統而言，通常無法滿足這些條件，但是在一定溫的局部區域內，則可近似地視為「局部熱力平衡」的狀態。

1.3 散射與吸收

散射是自然界中很常見的現象。當物體本身粒徑大小與傳送能量的電磁波波長形成一定比例時，就會有散射產生，其中兩者的比例大小定義為尺度參數（scaling parameter），為何要定義尺度參數呢？主要是因為傳送能量的電磁波，其波長分布從極小至極大皆有，同時在自然界中又有許多大小不同的粒子，當粒子直徑與波長電磁波兩者比值小時（傳送能量的電磁波波長大於物體本身粒徑大小時），稱為瑞

立散射（Rayleigh scattering）；兩者比值大時（傳送能量的電磁波波長小於或接近物體本身粒徑大小時），稱為米氏散射（Mie scattering）；不過若比值極小時則又有可能無散射現象產生。散射對電磁波的影響是以散射粒子為中心，對入射的電磁波作不同方向的能量散射。在物體粒徑小時，為瑞立散射，其散射結果如同帶殼花生米形狀一般的向四面八方散射（圖1-4 (a)），當物體粒徑逐漸變大時，向前散射的能量會增強，此稱為米氏散射，其結果如圖1-4 (b)。空氣中的氣膠（aerosol），因無固定形狀且顆粒較大、成分不明，因此散射結果甚難界定（如圖1-4 (c)），無法簡單地用圖形描述。而散射能量在各方向分布的比率我們稱為相位函數（phase function），相位函數僅與散射角（scattering angle）有關，可經由散射角估算某一方向有多大比率的散射能量，進而計算粒子在各方向的散射能量，而各方向的能量總和會與入射的能量相同，也就是電磁波受到粒子散射的能量不會減少，其波長亦不會改變，僅傳送的方向會改變。

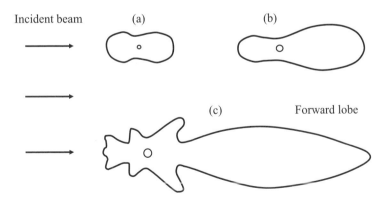

圖 1-4 三種尺度參數的散射強度分布（相位函數）示意圖：(a) 小粒子 (b) 大粒子 (c) 更大的粒子 (Liou, 2002)

在自然界中，空氣粒子與入射電磁波（可見光）的比值大小關係，可定義出尺寸參數 $\alpha = 2\pi\gamma / \lambda$，$\gamma$ 是空氣粒子的粒徑大小，λ 是入射的電磁波波長。尺寸參數值小，則為瑞立散射，當粒子越來越大時，逐漸會被眼睛所看見（如空氣中的污染物粒子），則尺寸參數值變大，此時會產生米氏散射，尺寸參數值大小與散射的關係如圖1-5所示。由圖1-5可看出紅外線的散射特性，因為紅外線的波長相對於大氣中的空氣粒子雜質或氣膠而言已太大，因此導致幾乎無散射的效應產生。

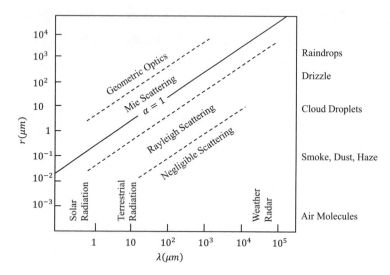

圖 1-5 入射電磁波波長與空氣粒子的粒徑大小之關係(Wallace and Hobbs,2006)

如果大氣中的某些粒子大到可以令紅外線產生散射效應，此種粒子在自然界中一般均已達雲或雨的顆粒大小，不過此時雲或雨對紅外線的吸收效應已遠大於散射效應（即近似黑體），因此大氣中幾乎不用考慮紅外線散射現象。而在瑞立散射方面，其數學計算比較容易解

決，因為空氣粒子成分已知，且粒子甚小，因此形狀可視為圓球形；在此假設下其散射相位函數極易推求，故計算結果與實際結果極為相近，唯一影響其大小的變數僅是密度，亦即是氣壓的大小，不過研究結果發現其對瑞立散射的影響很小，亦即空氣粒子造成的瑞立散射量雖然很大，但空氣粒子的量對瑞立散射量的大小變化影響很小。即便如此在一般計算瑞立散射時，亦會加入氣壓的影響以便求得嚴謹的結果。在米氏散射方面，在計算上較不容易解決，因為氣膠粒子成分極不固定，除非有實際的三維空間實測，否則很難確定含有那些成分與含量，此外因粒子較大且形狀不確定，因此不像瑞立散射計算中可用圓球形近似。空氣粒子成分不同會影響其折射指數（refraction index），折射指數可區分為實部與虛部，實部數值代表散射的程度，即實部越大代表散射越強。虛部數值代表吸收的程度，即虛部越大吸收越強。此外粒子形狀亦會影響其散射能量的分布。由此可知瑞立散射會比較容易解決，而米氏散射則不容易以數學模式計算，目前一般均僅能以經驗式代表其近似的散射相位函數（scattering phase function）。

　　「藍天」、「白雲」、「夕陽紅」正代表著自然界中太陽光散射的結果，若空氣粒子與入射太陽光（可見光）之比值小，則會產生瑞立散射現象，在瑞立散射狀況下，散射強度與波長的四次方成反比。可見光譜中，紫光波長最短散射最強，紅光波長最長散射程度會最弱。不過散射強度亦與電磁波的輻射強度有關，由太陽輻射的卜郎克函數分布可知，太陽輻射能量大部分都集中於可見光區的藍光，其強度遠比紫光來得大，所以雖然原本散射程度紫光較強，但因藍光能量較多，因此藍光相對比其他光線散射得多，故造成天空為藍色。而在日出或黃昏時，因太陽光的路徑為斜射，所以太陽光經過大氣層的光程路徑

較長遠，因此紫光、藍光會最先被散射掉，其次則為綠光、黃光、橙光，最後太陽光本身相對剩下較大比率的紅光在原路徑中，使得夕陽看起來呈現紅色。而在白雲部分，由於雲粒子半徑較大，與入射的太陽光（可見光）波長比值相近，此時會產生米氏散射。而米氏散射強度一般和波長大小無關，所以太陽光中的紅、橙、黃、綠、藍、靛、紫光會散射約略相同的輻射強度，合在一起會呈現為白色，造成大氣中的雲即呈現白色。由此可知，一般晴空的雲會呈現白色（如晴天積雲），乃是因米氏散射所致。但夏天午後的雷雨雲或鋒面系統中的強降水雲一般卻呈現灰黑色，這主要是因為雲層太厚，使光線被層層散射與吸收，光線穿透雲層後所剩下的強度變小所致。然而假如地球沒有大氣，則天空會是什麼顏色？此時地球天空顏色會因為沒有散射作用所造成的漫射光（diffuse light），而呈現如月球天空一般的黑色。假若我們從地球表面逐漸往上爬升，並觀察天空顏色的變化，我們會發現天空越來越不藍（即藍色會越來越淡，且亮度越來越小），最後至大氣層頂會發現天空呈現黑色，若直視太陽時，只會看到太陽為一個亮點。由此可知地球上可見明亮天空，主要功臣是大氣粒子的散射效應。

藉由太陽光從窗戶照進屋內來，光線中觀測到空氣裡為數不少的灰塵或氣膠，可看見日常散射現象。而原先在無光線照射進來時並無灰塵或氣膠被看見，此時並非室內空氣中沒有灰塵或氣膠存在，而是室內光線強度不夠，再經過多次散射效應後散射能量更小，使進入眼睛的散射光線能量極為有限，因此無法觀測到室內空氣中原本就有的灰塵或氣膠。一旦入射能量增強而背景又較暗（如入射未開燈屋內之太陽光或投影機之投射光），則粒子的散射就很容易被突顯出來。

　　吸收效應會使粒子吸收部分入射能量，使粒子本身溫度升高，而同時粒子亦會發射出能量，最後會達到吸收能量等於發射能量的平衡狀態，此時環境溫度不再改變，達到局部熱力平衡，即我們所稱的克希何夫定律，在此定律下物體吸收的能量會等於發射出去的能量（即吸收率等於發射率）。在局部熱力平衡下，吸收現象可分成三種，第一種是黑體，此種物體其吸收能力與波長無關，所有波長的入射能量均會被完全吸收，其吸收率為1，發射率亦為1。第二種是灰體（gray body），此種物體之吸收率在任何波長皆相同，但其吸收率（發射率）為小於1的常數，在自然界中沒有完全理想的黑體或灰體存在。第三種是選擇性的輻射體（selective radiator），即其吸收狀況與波長有關。舉例而言，某物體其在某波長的吸收率為0.8，但在另一波長的吸收率又可能為1，此種物體即稱為選擇性輻射體。而地球大氣正是選擇性的輻射體，因其具有選擇性吸收（selective absorption）的特質。例如地球大氣對太陽的可見光區能量幾乎不吸收，而此種不被吸收的波長範圍稱為窗區（window），因此有大量太陽能量可以到達地表，但在地球往外太空發射的長波輻射則會被選擇性的吸收而形成溫室效應（greenhouse effect）。不過在紅外線波段亦有部分波長可視為窗區，例如紅外線11微米頻道，因此可以被應用來遙測海溫或地表溫度。但是一般說來，自然界中並沒有真正窗區存在，多多少少都會有些吸收作用（除非真空），在可見光窗區部分會有很微弱的水氣和臭氧（ozone）的吸收，在紅外線的窗區頻道亦會受些微水氣吸收的影響，也因此需校正水氣影響後，才能得到真正的海溫或地表溫度。

　　前面曾提到大氣是選擇性的輻射體，因此會有溫室效應產生，主要原因為大氣對太陽的可見光區能量幾乎不吸收，有大量能量可以到

達地表，但大氣對紅外線卻有許多強烈的吸收氣體，這些氣體即稱為溫室氣體（greenhouse gas）。地球大氣系統的長波光譜（見圖1-6）中最主要的吸收氣體有三種，其中最重要的是水氣吸收，其對紅外線的吸收影響最大，有許多的強烈吸收帶，如著名的6.7微米吸收帶與大於16微米的水氣吸收帶。第二重要的吸收氣體是二氧化碳（carbon dioxide），二氧化碳吸收帶主要在4.3微米和15微米，尤其15微米吸收帶因坐落在地球長波輻射的能量最大值附近，且因人類工業化造成二氧化碳的急劇增加，故使其成為極重要的溫室氣體。第三重要的吸收氣體是臭氧，臭氧吸收帶在9.6微米，由於臭氧層對於此吸收帶的影響，使其亦成為重要的溫室氣體。其他尚有甲烷（methane）、一氧化二氮（nitrous oxide）和一氧化碳（carbon monoxide）亦對大氣外逸紅外能量有微量的吸收（見圖1-6）。地表吸收大量的太陽能量，並以長波輻射的形式將其再發射往大氣中，此能量有部分會受溫室氣體吸收，而有部分會外逸至太空。被大氣吸收的能量則會增暖大氣，然後再以長波輻射的方式一部分往上發射至外太空，而一部分再往下發射至地表而增暖了地面，形成大氣對流層（troposphere）下暖上冷的現象，此即所謂溫室效應。此外溫室氣體中最重要的水氣在對流層中主要分布在底層，也因此使得大氣溫度會在近地面較溫暖。相反的，在平流層（stratosphere）中主要的吸收氣體為臭氧，臭氧層主要分布在平流層，而因為平流層臭氧吸收紫外線而使得平流層增暖，因此平流層溫度會有下冷上暖的現象。

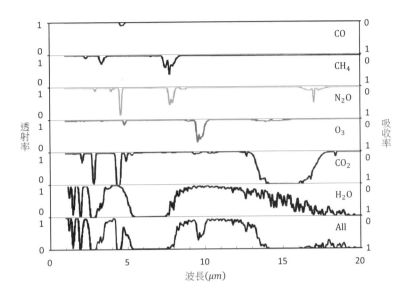

圖 1-6 七種氣體以及整個大氣的吸收光譜（Tseng, 1988）

　　而為何大氣是選擇性的吸收呢？主要是因為不同頻率的光子會有不同能量。光子能量可表為 $E = h\nu$，其中 ν 為光子頻率，h 為卜郎克常數。光子不論是被吸收或發射，都需要吻合吸收氣體能階間之躍遷，才能吸收或發射出光子，假若能量未能吻合某二能階之躍遷（亦即未能吻合某二能階躍遷之頻率），則光子不會被吸收也不會發射，此定律造成大氣各種氣體成分的選擇性吸收。而在自然界中，有許許多多不同成分的吸收體，因此就會形成許多不同特定波長的吸收線（absorption line），吸收線會因能量發射的損耗、氣體分子間的碰撞以及氣體分子的相對運動而分別產生自然加寬（natural broadening）、氣壓加寬（pressure broadening）和都卜勒加寬（Doppler broadening）的效應，形成了許多的吸收帶（absorption band），例如二氧化碳4.3微米、15微米的吸收帶、臭氧9.6微米的吸收帶以及水氣6.7微米和16微

米以上的吸收帶。自然加寬是因為當由一能階躍遷到另一能階時，需一定時間完成，按量子力學的測不準原理（uncertainty principle），光譜的頻率會有一定程度的不確定，使譜線（spectral line）產生些微的寬度，稱為自然加寬。自然加寬的寬度甚小，一般均可以忽略不計。氣壓加寬的原因為空氣粒子相互碰撞，其能級會受到擾動，因而使譜線加寬，氣壓加寬在40公里以下的大氣中較重要。都卜勒加寬的原因則為分子相對速度不同（相互靠近或遠離）所引起的頻率相對改變，也會使譜線加寬，此加寬現象由於大氣高層空氣較稀薄，容許氣體分子自由活動的空間增加，較易形成都卜勒效應（Doppler effect），因此在40公里以上的高層大氣中較為重要。

1.4 輻射傳送

電磁波輻射在傳送過程中，會有兩種衰減現象產生，分別為散射及吸收，此兩種現象已於上節中概略描述說明。此外在傳送過程中亦伴隨有兩種增加輻射強度的現象產生，分別為路徑中大氣發射和外圍散射進來。因此輻射傳送能量由A點至B點間能量的變化情況，可由下面四個物理量來決定：

1. 傳送路徑中物質吸收的輻射強度值：為路徑中物質對傳送輻射的吸收效應，本項對傳送中的電磁輻射為衰減量。
2. 傳送路徑中物質發射出的輻射強度值：因路徑中物質溫度非絕對零度，因此會有能量發射出來；對傳送中的電磁輻射來說，本項為正貢獻量。

3. 傳送路徑中粒子散射出去的輻射強度值：由於散射出去會造成傳送路徑中能量的損耗，因此本項對傳送中的電磁輻射來說為衰減量。

4. 傳送路徑外其他方向粒子散射進來的輻射強度值：由於傳送路徑外圍粒子亦會有散射現象，也會因而散射加入原來傳送路徑中，造成傳送中電磁輻射的增加。

一般在輻射傳送方程中，常將（2）、（4）兩項合併而視為源函數（source function）項，即

$$dI_\lambda = +j_\lambda \rho ds \qquad （1\text{-}11）$$

其中 j_λ 代表源函數係數，但並非為一般常數係數而是代表能量。ρds 則代表單位截面下 ds 路徑距離中的物質質量。（1-11）式代表傳送路徑中輻射強度增加的總量。

　　另外將（1）、（3）兩項合併視為削弱係數項，即

$$dI_\lambda = -K_\lambda I_\lambda \rho ds \qquad （1\text{-}12）$$

其中 K_λ 代表吸收係數（k_λ）及散射係數（η_λ）的相加值，一般又稱為削弱係數。I_λ 則為傳送中的輻射強度值。（1-12）式代表傳送路徑中輻射強度損失的總量，為傳送路徑中物質所吸收及散射出去造成能量的減少量。在傳送中物質所吸收能量的強弱程度（亦即吸收係數）可由勞侖茲（Lorentz）剖線（即氣壓加寬）或都卜勒（Doppler）剖線

（即都卜勒加寬）方程計算得。在散射出去造成傳送路徑中能量的減少，則可由散射理論中的瑞立散射或米氏散射計算之。

合併（1-11）、（1-12）式，可得：

$$dI_\lambda = -K_\lambda I_\lambda \rho ds + j_\lambda \rho ds \qquad （1\text{-}13）$$

再將 j_λ 除以 K_λ 定義為源函數 J_λ，即

$$J_\lambda = j_\lambda / K_\lambda \qquad （1\text{-}14）$$

將（1-14）式代入（1-13）式可得：

$$\frac{dI_\lambda}{K_\lambda \rho ds} = -I_\lambda + J_\lambda \qquad （1\text{-}15）$$

（1-15）式即為通用的輻射傳送方程，其中實際包含有影響輻射傳送的四個物理量：吸收、發射、散射出與散射進傳送路徑中的輻射強度值。針對各種不同波長的輻射傳送時，並非所有四個物理量均需考量。例如在可見光的傳送中，根據汾因位移定律可知以地球大氣系統中傳送路徑的溫度不可能發射出可見光，因此發射項可以去除。此外大氣成分對可見光的吸收亦不大，因此在某些情況下甚至亦可忽略吸收項。紅外線的傳送過程，由於波長相對於空氣粒子的半徑極大，因此輻射傳送方程中的散射項均可忽略不計，僅剩吸收和發射兩項，如此可簡化不少輻射傳送的求解。據此可以歸納出下列幾種特別的常用輻射傳送方程。

1.4.1 比爾–鮑桂–藍伯定律（Beer-Bouguer-Lambert law）

　　比爾－鮑桂－藍伯定律（簡稱比爾定律）即假設在輻射傳送過程時，發射及散射影響可忽略不計，亦即前述輻射傳送方程中（如圖1-7）僅考慮吸收項，即

$$\frac{dI_\lambda}{k_\lambda \rho ds} = -I_\lambda \qquad (1\text{-}16)$$

k_λ 代表吸收係數（absorption coefficient）。（1-16）式經微分方程求解後：

$$I_\lambda(s_1) = I_\lambda(0)\exp(-\int_0^{s_1} k_\lambda \rho ds) \qquad (1\text{-}17)$$

s_1 即輻射傳送的距離。定義 u 為路徑中吸收體含量，即

$$u = \int_0^{s_1} \rho ds \qquad (1\text{-}18)$$

假設吸收係數在傳送路徑中沒有變化並將（1-18）式代入（1-17）式中，則

$$I_\lambda(s_1) = I_\lambda(0)e^{-k_\lambda u} \qquad (1\text{-}19)$$

（1-19）式的主要物理意義如下：若從輻射傳送起始點經 s_1 距離，在只有吸收的情況下，且 k_λ 的值僅與波長有關而與傳送距離無關時，輻射強度會隨傳送路徑的吸收體含量呈現指數衰減。此假設一般在短距離內可以成立，若距離過長會因路徑的溫度和壓力改變使得 k_λ 無法保持定值而變得不適用，因為 k_λ 不論在由勞侖茲剖線或都卜勒剖線的計算中，均為溫度與壓力的函數。

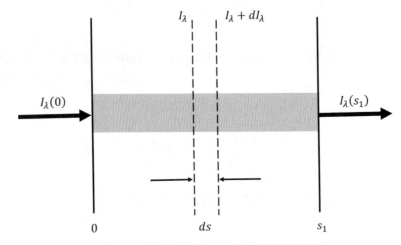

圖 1-7 在吸收介質中，輻射強度的消耗

透射率（transmittance）的定義為透射出去之能量與入射能量的比值，亦即輻射能量有多少比例的能量會透射出去，因此（1-19）式中可將透射率如下式表示：

$$\mathfrak{I}_\lambda = I_\lambda(s_\lambda)/I_\lambda(0) = e^{-\kappa_\lambda u} \tag{1-20}$$

由（1-20）式可知透射率求取的主要關鍵在 k_λ 和 u 的計算，如由吸收係數計算程式求得 k_λ，再與由探空資料估算得的吸收體含量合併計算，即可獲得透射率 $\mathfrak{I}_\lambda$。

在輻射的能量守恆下，能量進入吸收體後，有部分會被吸收，部分則會被反射，部分則會被透射，而三者的總和會等於入射的能量，如圖1-8所示，即

$$I_\lambda = A_\lambda I_\lambda + R_\lambda I_\lambda + \mathfrak{I}_\lambda I_\lambda \qquad （1\text{-}21）$$

因此

$$A_\lambda + R_\lambda + \mathfrak{I}_\lambda = 1 \qquad （1\text{-}22）$$

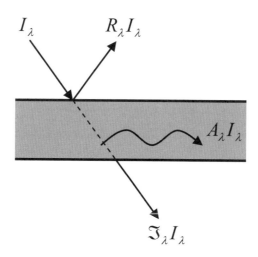

圖 1-8 能量守恆定律（ Tseng, 1988 ）

（1-22）式即為輻射的能量守恆方程，即吸收率、反射率和透射率的總和為1。因此，在不考慮反射時吸收率定義為：

$$1 - \mathfrak{I}_\lambda = 1 - e^{-\kappa_\lambda u} = A_\lambda \qquad （1\text{-}23）$$

由此觀點可再次說明黑體的兩種不同的定義，其一即為若某物體其吸收率為1，即為黑體。其二為以輻射強度的觀點視之，當物體溫度為T時，若其發出的輻射強度值會等於卜郎克函數之計算值，則此物體即為黑體。

1.4.2 席氏方程（Schwarzschild equation）

席氏方程為大氣遙測中很重要的方程式，因為席氏方程實際上即為紅外線輻射傳送方程。假設大氣在無散射情況下，由輻射傳送方程可知輻射在傳送過程中僅剩下吸收和發射兩項作用，此條件完全與大氣中的紅外線輻射特性相同。因為紅外線的波長相對於大氣中的氣體成分或氣膠的半徑而言極大，導致無散射的效應，但同時地球大氣成分會吸收紅外線的能量，並且在地球大氣系統的溫度下亦會發射出能量，一般即稱為長波輻射（longwave radiation），主要的能量集中在熱紅外線。

此時

$$J_\lambda = B_\lambda(T) \qquad （1\text{-}24）$$

（1-24）式即為黑體輻射，即黑體發出的能量大小會遵循卜郎克函數

值。地球大氣系統當然不是黑體，其發射率其實已除到（1-15）式等號左邊，亦即為下列（1-25）式等號左邊之 k_λ，而（1-25）式即為不考慮散射時的輻射傳送方程

$$\frac{dI_\lambda}{k_\lambda \rho ds} = -I_\lambda + B_\lambda(T) \qquad （1\text{-}25）$$

在局部熱力平衡下，由克希何夫定律可知發射率會等於吸收率，因此（1-25）式等號右邊第二項即已隱含與發射率（亦為 k_λ）有關的發射輻射強度值，故在此並非視地球大氣系統為黑體。

此外，若定義

$$\tau_\lambda(s_1, s) = \int_s^{s_1} k_\lambda \rho ds' \qquad （1\text{-}26）$$

$\tau_\lambda(s_1, s)$ 稱為光學厚度（optical depth），代表吸收體含量對 s 至 s_1 路徑上輻射強度的衰減程度。因用距離或吸收體含量皆無法明確表達輻射強度的衰減狀況，因此定義光學厚度以明確表達輻射的衰減程度，即光學厚度大則衰減大，光學厚度小則衰減小。例如在弱吸收下，縱使傳送路徑很長或吸收體含量很大，均不會對輻射強度之傳送造成太大的削弱，此時反應在光學厚度上會較小。反之在強吸收下一點點的距離或吸收體含量，即可造成極大的削弱，而此時反應在光學厚度上則會較大。因此以光學厚度更能表達輻射傳送時吸收削弱的實際程度。對（1-26）式微分後可得：

$$d\tau_\lambda(s_1, s) = -k_\lambda \rho \, ds' \qquad (1\text{-}27)$$

將（1-27）式代入（1-25）式，求解可得：

$$I_\lambda(s_1) = I_\lambda(0)e^{-\tau_\lambda(s_1, 0)} + \int_0^{s_1} B_\lambda[T(s)]e^{-\tau_\lambda(s_1, s)}k_\lambda \rho \, ds \qquad (1\text{-}28)$$

（1-28）式即為紅外線輻射傳送方程的解，其中 $I_\lambda(s_1)$ 代表感測器在 s_1 的距離外所接收到的輻射強度，$I_\lambda(0)$ 代表起始之輻射強度值，$T(s)$ 為傳送路徑中各點的大氣溫度。以人造衛星對地球向下之觀測為例，$I_\lambda(0)e^{-\tau_\lambda(s_1, 0)}$ 代表地面輻射強度傳送至衛星感測器的貢獻，其發射出的輻射強度會因經由傳送路徑中的大氣吸收而衰減。$\int_0^{s_1} B_\lambda[T(s)]e^{-\tau_\lambda(s_1, s)}k_\lambda \rho \, ds$ 代表傳送路徑中層層大氣的發射貢獻，為每一分層大氣向上發射出能量再經由其所有上層大氣吸收衰減而透射出大氣層頂的能量總和。

（1-28）式可應用於紅外線頻道觀測資料估算海溫或地表溫度，以及大氣的垂直溫度或吸收體含量剖線之反演。即假設觀測頻道為在紅外線窗區時，由窗區頻道的特性可知在（1-28）式中大氣的貢獻項 $\int_0^{s_1} B_\lambda[T(s)]e^{-\tau_\lambda(s_1, s)}k_\lambda \rho \, ds$ 非常小，若假設為0，並假設海面或地表於紅外窗區為黑體，則衛星所觀測得的輻射強度值，經由卜郎克函數即可求取海溫或地表溫度。（1-28）式亦可應用於大氣垂直溫度剖線的反演，因 $I_\lambda(s_1)$ 為衛星觀測值，而 $I_\lambda(0)e^{-\tau_\lambda(s_1, 0)}$ 為地面貢獻值，可由紅外線窗區頻道所求得之地面溫度計算求得，因此若有一組位於吸收帶中不同吸收強度的頻道（如圖1-9），由於吸收強度不同的頻道，其輻射強度值約略分別代表不同高度之大氣層往外輻射出的能量（如表1-

1），則可由此組衛星輻射強度觀測值反演求得（1-28）式第二項積分項中的溫度剖線 $T(s)$。

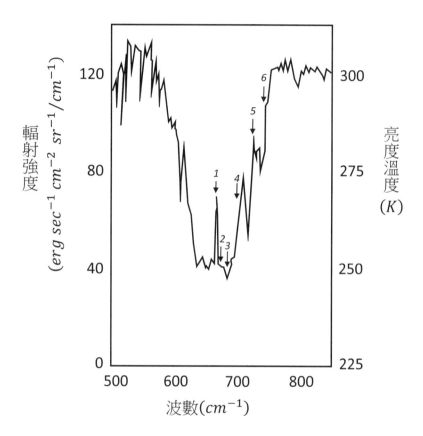

圖 1-9　不同吸收強度的頻道所觀測到亮溫值的變化（以 **Nimbus-4** 號衛星搭載的 **IRIS** 在二氧化碳 $15\mu m$ 吸收帶附近所觀測到的上升輻射強度和亮溫為例，箭頭表示 **VTPR** 使用的頻道位置）(Tseng, 1983)

表 1-1 Nimbus-3 衛星上掛載的輻射計所使用的 $15\mu m$ 頻道（頻道寬度為 $5cm^{-1}$）（ Tseng, 1983 ）

頻道序號	頻道中心波數 (cm^{-1})	能量最大的氣壓層 (mb)	輻射強度和溫度的相關
1	899.3	1000	0.97
2	750.0	850	0.91
3	714.3	500	0.92
4	706.3	250	0.63
5	699.3	200	0.87
6	692.3	100	0.95
7	677.8	50	0.89
8	669.3	30	0.77

　　此外（1-28）式亦可應用於水氣含量的求取，但此時要應用衛星的水氣頻道。假設已由上述步驟獲得地表溫度及大氣垂直剖線溫度，而各層水氣資訊均隱含於 $\tau_\lambda(s_1,s)$ 式中，即在 $\tau_\lambda(s_1,s)$ 式中含有水氣含量的資訊，因此如同溫度剖線的反演一樣，若反演求得 τ_λ，即可推求各層之水氣含量。若要反演臭氧含量，其作法如同水氣含量的求取，僅需將頻道改為臭氧吸收頻道即可。因此在求取大氣成分中吸收體含量時，欲準確求得該氣體的含量，則頻道的選擇就很重要，也就是要挑選該氣體對其有強吸收的頻道，同時其他氣體在此頻道的吸收則要不吸收或較微弱，以免造成干擾。

　　上述的探討中尚未觸及可見光的輻射傳送，在可見光的輻射傳送方程中發射項可忽略，因為地球大氣系統的溫度所發射的能量主要集中在長波輻射，亦即是遠紅外區，不會影響可見光傳送時的增減，故可省略。因此於可見光輻射傳送方程中即僅存三項，計有吸收、散射

進來、散射出去的能量。而在吸收方面，除近紅外線（near infrared）
略有影響外，太陽輻射的主要部分（即可見光部分）影響均微乎其微，
因此在計算可見光的傳送過程時吸收部分亦可省略。整體而言，處理
可見光的輻射傳送方程，主要即在計算散射進來及散射出去的能量，
這部分的計算處理極為困難，因為散射（尤其是米氏散射）的不確定
影響因子太多，例如散射粒子的形狀、大小和材質（影響其折射指數）
等，且有些因子不易量測得到，因此會有許多的假設條件，造成處理
上的複雜與困難。

1.5 溫室效應（**Greenhouse effect**）

　　地球能量絕大部分源於太陽光，太陽能量會向四面八方傳送，而
地球僅截收到其中一小部分，即地球的視平面部分，其中還需扣除被
地球大氣系統反射到外太空的部分。而此截收的能量則理論上平均分
配到全球（見圖1-10），使地球大氣系統產生平均為 T 的溫度。因此
若由輻射能量平衡觀點分析，則

$$(1-A)F_s\pi a^2 = 4\pi a^2 \sigma T^4 \qquad （1\text{-}29）$$

其中 A 為行星反照率（albedo），代表地球大氣系統反射太陽能量的
比率，一般長期平均約為 30%。a 為地球半徑，F_s 為太陽常數（solar
constant），代表太陽能量傳送至日地平均距離處的能量，亦即在大氣
層頂處地球所能獲得的能量，其大小約為 1370 W/m²，太陽常數會隨
太陽黑子的活動而變化，大約會有約 3 %的變異範圍。σ 為史特凡波

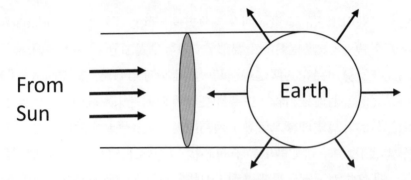

圖 1-10 說明地球溫度的計算，忽略大氣溫室效應的影響。平行箭頭表示入
射一截面面積為 πa^2（a 為地求半徑）的太陽輻射。徑向箭頭為地
球總表面積 $4\pi a^2$ 的向外熱輻射

茲曼常數，因此 $(1-A)F_s\pi a^2$ 即為扣除被地球大氣系統反射到外太空
的部分後，地球截面所接收到剩下的太陽總能量，$4\pi a^2 \sigma T^4$ 為平均溫
度 T 的地球大氣系統所發射出的總能量，而上述兩者能量在長期時間
狀態下應會相等。若令 $F_0 = \sigma T^4$，代入（1-29）式，則

$$F_0 = \frac{1}{4}(1-A)F_s \qquad （1\text{-}30）$$

F_0 即代表地球大氣系統平均溫度為 T 時輻射出的能量，由（1-30）
式可知約為太陽常數 F_s 的五分之一左右。在考慮太陽能量輻射收支
平衡下，由（1-29）式可得地球系統平均溫度約255K，但由地面觀測
經驗可知地面氣溫約為288K，為何會有如此的差距呢？主要原因即
是溫室效應的結果，溫室效應會造成地面氣溫升高而高空溫度降低，
下面即嘗試以簡單大氣模式說明溫室效應的結果。

1. 一層模式：假設大氣僅為一層（見圖1-11）

　　在各層輻射能量收支平衡下，由圖1-11可得：

$$F_0 = F_a + \mathfrak{I}_t F_g \qquad\qquad （1\text{-}31）$$

$$F_g = \mathfrak{I}_s F_0 + F_a \qquad\qquad （1\text{-}32）$$

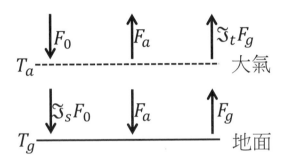

圖 1-11　溫室效應一層模式示意圖

　　其中 F_0 即為（1-30）式所示，F_a 為大氣層發出的能量，F_g 為地表發出的能量，$\mathfrak{I}_s$ 為太陽短波輻射（short-wave radiation）經大氣層的透射率，$\mathfrak{I}_t$ 為地球長波輻射經大氣層的透射率。

　　由（1-31）式和（1-32）式相減可得：

$$F_g = F_0 \frac{1 + \mathfrak{I}_s}{1 + \mathfrak{I}_t} = \sigma T_g^4 \qquad\qquad （1\text{-}33）$$

代入（1-32）式可得：

$$F_a = F_0 \frac{1 - \mathfrak{I}_s \mathfrak{I}_t}{1 + \mathfrak{I}_t} = \varepsilon_t \sigma T_a^4 \qquad （1\text{-}34）$$

　　在此假設對長波輻射地面為黑體，地面溫度為T_g、大氣溫度為T_a、ε_t為大氣發射率。一般典型的透射率值為$\mathfrak{I}_s = 0.9$，$\mathfrak{I}_t = 0.2$，$F_0 = 238 Wm^{-2}$，由克希何夫定律可知，在局部熱力平衡下大氣發射率（ε_t）等於大氣吸收率（A_t），再由能量守恆定律可知大氣發射率會等於（$1 - \mathfrak{I}_t$）。分析一層模式結果，地面溫度T_g約為286K，大氣溫度T_a約為245K（由F_a計算得到）。此結果如圖1-13所示，可說明溫室效應的結果。由於大氣對短波透射率及長波透射率的不同，會使大氣垂直氣溫分布呈現不同，即太陽短波輻射容易透過大氣，但地球長波輻射卻不容易外逸出大氣；在整體輻射量處於平衡的狀態下，進入的太陽短波輻射與外逸出去的地球長波輻射應是相等的，如此將迫使地面溫度升高而高層溫度降低。若溫室效應氣體持續增加，則地面溫度會越來越高，而高空溫度會越來越低，但整體太陽入射的輻射量和地球大氣系統外逸出去的輻射量仍會相等，依舊處於平衡狀態。

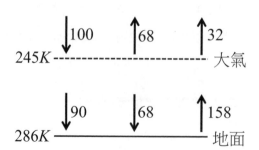

圖 1-12 溫室效應一層模式的計算結果，圖中數字代表若入射太陽能量為 100 單位，則其它各項的單位數。左邊顯示計算得之該層溫度

2. 二層模式：將大氣分為二層（見圖1-13）

假設大氣分為二層，則大氣對太陽短波輻射在第一層的透射率為 $\mathfrak{I}_{s1}$，第二層為 $\mathfrak{I}_{s2}$，而對地球長波輻射在第一層的透射率為 $\mathfrak{I}_{t1}$，第二層為 $\mathfrak{I}_{t2}$，則由圖1-13可知各層在輻射能量收支平衡下可得：

$$F_0 = \mathfrak{I}_{t1}\mathfrak{I}_{t2}F_g + \mathfrak{I}_{t2}F_1 + F_2 \qquad （1-35）$$

$$\mathfrak{I}_{s2}F_0 = \mathfrak{I}_{t1}F_g + F_1 - F_2 \qquad （1-36）$$

$$\mathfrak{I}_{s1}\mathfrak{I}_{s2}F_0 = F_g - F_1 - \mathfrak{I}_{t1}F_2 \qquad （1-37）$$

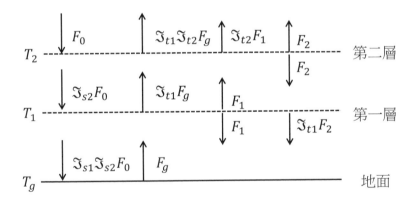

圖1-13 溫室效應二層模式示意圖

其中 F_1 和 F_2 分別代表第一層和第二層大氣系統所發射出的能量，此外由假設沒有反射的能量守恆原理和克希何夫定律可知，（$1 - \mathfrak{I}_t$）即代表大氣層的吸收率和發射率。若以0.2及0.4分別代表第一層及第二層大氣的長波輻射透射，0.8及0.9分別代表第一層及第二

層大氣的短波輻射透射，代入（1-35）～（1-37）式中，則可得
$F_g = 1.81F_0$，$F_1 = 0.99F_0$，$F_2 = 0.46F_0$。代入史特凡波茲曼定律和
大氣發射率，則

$$T_g = [1.81\, F_0/1.0\sigma]1/4 = 295K \qquad （1\text{-}38）$$

$$T_1 = [0.99\, F_0/0.8\sigma]1/4 = 269K \qquad （1\text{-}39）$$

$$T_2 = [0.46\, F_0/0.6\sigma]1/4 = 238K \qquad （1\text{-}40）$$

在二層模式的假設下T_g約為295K，T_1約為268K而T_2約為238K，明顯
可看出大氣溫度剖線隨高度降低的結果，如圖1-14。

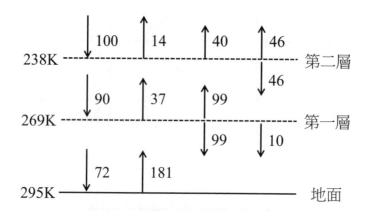

圖 1-14 如圖 1-12，但為溫室效應二層模式的計算結果，左邊顯示計算得
之該層溫度

當然若再更進一步於平流層高度處的大氣層放置臭氧以反應此
層對太陽紫外線輻射的吸收，則模擬結果會發現大氣溫度在平流層高

度處會有增加的情形，正如以下三層模式所描述。

3. 三層模式：將大氣分為三層，第三層為臭氧（見圖1-15）

假設大氣分為三層，大氣對太陽短波輻射在第一層的透射率為 $\mathfrak{I}_{s1}$，第二層為 $\mathfrak{I}_{s2}$，第三層（臭氧）為 $\mathfrak{I}_{s3}$，而對地球長波輻射在第一層的透射率為 $\mathfrak{I}_{t1}$，第二層為 $\mathfrak{I}_{t2}$，第三層（臭氧）為 $\mathfrak{I}_{t3}$，則由圖1-15可知各層在輻射能量收支平衡下可得：

$$F_0 = \mathfrak{I}_{t1}\mathfrak{I}_{t2}\mathfrak{I}_{t3}F_g + \mathfrak{I}_{t2}\mathfrak{I}_{t3}F_1 + \mathfrak{I}_{t3}F_2 + F_3 \qquad (1\text{-}41)$$

$$\mathfrak{I}_{s3}F_0 = \mathfrak{I}_{t1}\mathfrak{I}_{t2}F_g + \mathfrak{I}_{t2}F_1 + F_2 - F_3 \qquad (1\text{-}42)$$

$$\mathfrak{I}_{s2}\mathfrak{I}_{s3}F_0 = \mathfrak{I}_{t1}F_g + F_1 - F_2 - \mathfrak{I}_{t2}F_3 \qquad (1\text{-}43)$$

$$\mathfrak{I}_{s1}\mathfrak{I}_{s2}\mathfrak{I}_{s3}F_0 = F_g - F_1 - \mathfrak{I}_{t1}F_2 - \mathfrak{I}_{t1}\mathfrak{I}_{t2}F_3 \qquad (1\text{-}44)$$

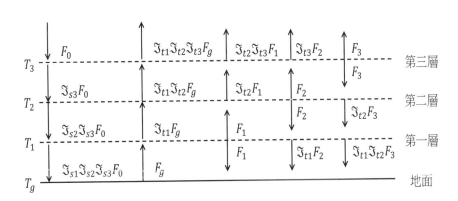

圖1-15 大氣溫度分布結構三層模式示意圖

其中F_1、F_2及F_3分別代表第一層、第二層和第三層大氣系統所發射出的能量，此外由假設沒有反射的能量守恆原理和克希何夫定律可知，$(1-\Im_t)$即代表大氣層的吸收率和發射率。若以0.2、0.4及0.8分別代表第一層、第二層及第三層大氣的長波輻射透射，0.8、0.9及0.8（高層的透射率較低，代表臭氧的吸收）分別代表第一層、第二層及第三層大氣的短波輻射透射，代入（1-41）～（1-44）式則可得$F_g = 1.64F_0$，$F_1 = 0.96F_0$，$F_2 = 0.48F_0$，$F_3 = 0.20F_0$。代入史特凡波茲曼定律和大氣發射率，則

$$T_g = [1.64 F_0 / 1.0\sigma]1/4 = 288\text{K} \qquad (1\text{-}45)$$

$$T_1 = [0.96 F_0 / 0.8\sigma]1/4 = 266\text{K} \qquad (1\text{-}46)$$

$$T_2 = [0.48 F_0 / 0.6\sigma]1/4 = 241\text{K} \qquad (1\text{-}47)$$

$$T_3 = [0.20 F_0 / 0.2\sigma]1/4 = 255\text{K} \qquad (1\text{-}48)$$

在三層模式的假設下T_g約為288K，T_1約為266K，T_2約為241K，而T_3約為255K，明顯可看出大氣溫度剖線在對流層內隨高度降低，到了平流層處大氣溫度則會升高（圖1-16）。當然若再更進一步擴展至N層大氣，則模擬結果會發現溫度隨高度遞減，並於對流層頂後溫度會隨高度遞增。所以以目前地球的大氣成分分布結構，由數學模式確可以表達出溫室效應，其結果就是反應出目前的大氣溫度分布結構。

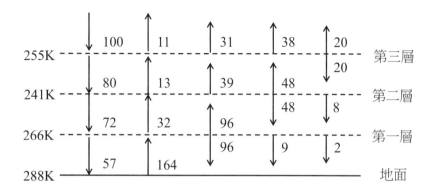

圖 1-16 如圖 1-12，但為溫室效應三層模式的計算結果，左邊顯示計算得之該層溫度

1.6 全球暖化（Global warming）

　　早期曾有科學家經由電腦模擬分析，認為地球在工業化之後因二氧化碳持續增加，而在溫室效應影響下全球會有暖化的現象，而據此預測到了二十一世紀，將有5~6℃的地面增溫，如此將使南北兩極的永久冰層溶化，並因為增暖使得海水膨脹，而令海平面大幅地上升，造成全世界許多較低海拔陸地地區的淹沒；然而經多年後，溫室效應影響實際上並沒有如預期的大，全球平均溫度約僅增加0.6℃左右。主要原因其實錯綜複雜，但若簡單地由輻射平衡（radiative equilibrium）觀點分析，似乎仍可獲得一些可能的資訊。

　　將（1-30）式代入（1-33）式，令 T_g、$\mathfrak{I}_s$、$\mathfrak{I}_t$、A 為變數並作微分可得：

$$4\frac{\Delta T_g}{T_g} = \frac{\Delta \mathfrak{I}_s}{1+\mathfrak{I}_s} - \frac{\Delta \mathfrak{I}_t}{1+\mathfrak{I}_t} - \frac{\Delta A}{1-A} \qquad (1\text{-}49)$$

由（1-49）式可簡約全球暖化為三個因素，分別為（1）太陽短波的透射率變化，（2）地球長波的透射率變化，和（3）行星反照率的變化。早期科學家在模擬全球增暖時僅考慮地球長波的透射率變化影響，即當溫室氣體（如二氧化碳）增多時，不利於地球長波輻射的外逸，使地球長波的透射率減小，再以當時量測到的二氧化碳年增率去外推，估算二、三十年後全球會增暖約5~6℃。其經過二、三十年後我們發現事實並非如此嚴重，為何全球溫度會增加不大呢？我們試著分析（1-49）式中等號右邊各項即可約略看出端倪，即由（1-49）式右邊第一項可知，此為短波透射率變化項，太陽短波的透射率不會因為二氧化碳的增多而產生影響，所以此項變動不大。而（1-49）式右邊第二項為長波透射率變化項，會隨著溫室氣體的增加而變小，但此項之係數為負值，因此會隨著其透射率的變小而使得地面溫度變大。（1-49）式右邊第三項為行星反照率的變化項，而由於地球地面溫度的增暖，會使得海面水氣的蒸發變大，從而使大氣中水氣增加，相對地會產生較多的雲量，而較多的雲量會增大地球的行星反照率，使得（1-49）式中的$\triangle A > 0$，因其係數亦為負值，因此第三項貢獻量就會變為負。亦即行星反照率的增加，會使得到達地球表面的短波輻射減少，造成降溫的作用，從而減緩了溫室氣體增加所造成的增暖作用。最後（1-49）式中的第二項與第三項貢獻量兩者會達平衡，減緩了全球暖化的速度。然而這只是由（1-49）式中各項可能原因的推估，事實上暖化效應的影響因素是相當複雜的，各項相關環境因子（如二氧化碳和氣膠等）的輻射強迫作用力（forcing），均為造成影響全球暖化

的原因，其中貢獻量有正有負，這也是我們應該深入瞭解的課題，然而減少人為的汙染仍是最根本的核心問題。

第二章 觀念介紹

2.1 基本觀念

　　所有物質都會因為其組成分子或原子的熱運動而連續性地釋放出電磁輻射，這種電磁輻射量的大小會隨著物質本身溫度的昇高而增大，其所釋放出輻射的頻率也會隨之增加（即波長會變小）。自然界中輻射波長的分布可由幾公里的無線電波到波長為10-12公分的宇宙射線。表2-1即為各種類型輻射波長約略的分布狀況。

表2-1 電磁輻射光譜及類型（Tseng, 1988）

波長			輻射類型
10^{-1}	to	10^{10} cm	無線電, 雷達, 等
10^{-4}	to	10^{-1} cm	紅外線
10^{-5}	to	10^{-4} cm	可見光
10^{-6}	to	10^{-5} cm	紫外線
10^{-9}	to	10^{-6} cm	X射線
10^{-12}	to	10^{-9} cm	伽瑪射線
?	to	10^{-12} cm	宇宙線

　　一般而言，地球大氣系統中最主要的兩種輻射類型為紅外線和可見光，紅外線主要是由地球大氣系統本身所發射出來的輻射，波長約略介於10^{-4}到10^{-1}公分之間，可見光則是由太陽所發射出來的輻射，波

長約略介於10^{-5}到10^{-4}公分之間，兩者又常被分別稱為長波輻射和短波輻射。

　　所有大氣的組成成分，如各種氣體分子、水氣、雨滴、氣膠等等，除了其本身會發射輻射能外，也會以吸收或散射的方式影響由別的地方所入射的輻射。除了在少數情況下，大致上散射可視為物體改變入射輻射方向而不改變其能量與波長的輻射過程，而吸收則是入射輻射之能量轉換，能使物體溫度升高的過程。不過在吸收之後，繼之而來的是因為物體溫度升高而出現的能量發射過程，此時不論在能量或波長上則均具有某種程度的改變。

　　基本上，影響入射輻射被散射到各個方向的分布有二個基本的參數，即散射粒子相對於波長的大小（常以尺寸參數稱之），以及複數型式的散射粒子折射指數。另外粒子的形狀也相當重要，不過到目前為止，真正發展比較完整的米式散射理論仍只討論圓球型的散射粒子。這種描述散射的空間分布函數稱為粒子的散射相位函數。

　　輻射能量傳播的理論源起於馬克士威（Maxwell）的電磁波理論，並且可以描述電磁波的能量傳播特徵。然而這一古典理論只能考慮巨觀的波動現象，而忽略了物質對輻射能的吸收、散射及發射等微小交互作用，因此這些微小交互作用的量必須由實驗取得。這個情形就像古典熱力學可以用熱力學第一、二定律、理想氣體（ideal gas）理論以及等熵（isentropic）觀念來描述熱力平衡的巨觀特徵，卻無法用精確的數學關係式推導出比濕（specific humidity）、黏滯係數（viscosity coefficient）等等的微觀參數一樣，而這些參數同樣必須藉由實驗獲得。

古典統計力學基本上是假設物質的分子結構為已知，在這個假設性的前提下，上述吸收、散射及發射等量可以用巨觀的方式來正確地描述。之後在量子力學的發展下，更進一步的被期待能對古典電磁波理論無法處理的部分予以補充，但不只使得數學過程變得非常複雜，就連一些原本古典電磁波理論可以解釋的過程也無法清楚的描述。後來的學理發展則使得量子力學及古典電磁波理論可同時利用，此時在形式量子力學近似上，介質的吸收和發射性質與愛因斯坦轉換機率係數（Einstein Transition Probability Coefficients）有關，也就是說介質的吸收、散射及發射係數與光子的產生及消失有關連，因而發展出吸收和發射係數的觀念，對於介質微觀性質的計算上相當有幫助。

近來一般的想法是同時採取量子力學及古典電磁波理論來描述輻射能量的傳播，實驗或資料分析開始時利用量子理論中的光子對輻射場做分析，而對一些無法解釋或描述的部分則用古典電磁波理論來補充。更簡單的說，光子兼具波動及粒子性，在傳播時光子具有波動的性質，當它和物質進行交互作用時，卻又具有粒子性。

2.2 輻射基本參數定義

假設在一個體積 V 的空間中，其中含有 N 個光子，這些光子皆以光速 c 的速度移動，並具有各自的能量分布及運動方向。若該體積內為熱力平衡，則這些能量的分布可用前前一章的卜郎克函數 $B_\nu(T)$ 描述。在此體積 V 的空間中，$n = N/V$ 是單位體積內的總光子數，這些光子在該體積內所有方向具有相當的能量。假如所有光子的頻率介於 ν 及 $\nu + d\nu$ 之間，則能量介於 $h\nu$ 到 $h(\nu + d\nu)$ 之間，而總光子數可寫為：

$$n = \int_0^\infty n_\nu d\nu \qquad (2\text{-}1)$$

其中 n_ν 為具有頻率 ν 之光子數。若進一步限定所有頻率為 ν 的光子以 $\vec{\Omega}$ 方向前進，並在 $d\Omega$ 立體角內（如圖2-1），且定義光子分布函數（photon distribution function）為 f_ν，代表單位時間、單位體積沿著 $\vec{\Omega}$ 方向前進，在立體角（solid angle）為 $d\Omega$，能量介於 $h\nu$ 到 $h(\nu + d\nu)$ 之間，並通過垂直面積的所有光子數目，光子數可寫為：

$$n_\nu = \int f_\nu\left(\vec{\Omega}\right)d\Omega \qquad (2\text{-}2)$$

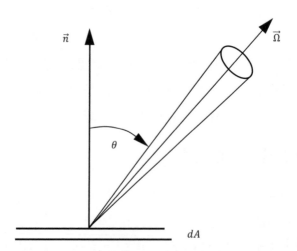

圖2-1 光子分布函數為 f_ν 之光子沿 $\vec{\Omega}$ 方向行進，並在 $d\Omega$ 立體角內

（ Buglia, 1986 ）

　　若面積元素 dA 與光子行進方向 $\vec{\Omega}$ 並未垂直，則必須乘上一餘弦分量 $\cos\theta$，因此單位時間內通過單位面積，沿 $\vec{\Omega}$ 方向前進，在立體

角為 $d\Omega$，頻率介於 ν 到 $\nu + d\nu$ 之間的光子總能量 dW_ν 可寫為：

$$dW_\nu = h\nu c f_\nu(\vec{\Omega}) \cos\theta \, dA \, dt \, d\nu \, d\Omega \qquad （2\text{-}3）$$

根據上式光子總能量的表示式，我們可以得到所有輻射基本參數的定義。

首先，定義光譜強度（spectral intensity）或輻射（radiance），如（2-4）式所示：

$$I_\nu(\vec{\Omega}) = \frac{dW_\nu}{(dA\cos\theta)dt\,d\nu\,d\Omega} = h\nu c f_\nu(\vec{\Omega}) \qquad （2\text{-}4）$$

由上式可知，光譜強度的單位為watts/（m²-hz-sr），表示在單位時間內，頻率區間為 $d\nu$，立體角極小並沿著 $\vec{\Omega}$ 方向前進，且通過單位垂直面積的總能量。這一參數對於輻射理論的發展可以說是最基本且最有用的。

由（2-3）式也可推導得到光譜能量密度（spectral energy density）如下：

$$d\rho_\nu = \frac{dW_\nu}{(dA\cos\theta)(c\,dt)d\nu} = h\nu f_\nu(\vec{\Omega})d\Omega$$

$$\rho_\nu = \int h\nu f_\nu(\vec{\Omega})d\Omega \qquad （2\text{-}5）$$

（2-5）式代表單位體積內，頻率介於 ν 到 $\nu + d\nu$ 之間，沿著所有方向前進的光子總能量。利用（2-4）式可將（2-5）式表示為與光譜強度有關的方程式如下：

$$\rho_\nu = \frac{1}{c} \int I_\nu(\vec{\Omega}) d\Omega \qquad (2\text{-}6)$$

至此我們可將光譜強度 I_ν 視為基本的參數，而（2-3）式的光譜總能量則可用光譜強度再改寫如下：

$$dW_\nu = I_\nu(\vec{\Omega}) dA \cos\theta \, dt \, d\Omega \, d\nu \qquad (2\text{-}7)$$

由（2-7）式可知，總能量與面積元素、頻率及傳播方向有關，I_ν 則是與實驗求得的比例常數有關之量場。

接著將定義光譜發射率（spectral emissive power）如下：

$$e_\nu(\vec{\Omega}) = \frac{dW_\nu}{dA \, dt \, d\Omega \, d\nu} = I_\nu(\vec{\Omega}) \cos\theta \qquad (2\text{-}8)$$

其單位與光譜強度一樣，代表單位時間、頻率區間為 $d\nu$，沿 $\vec{\Omega}$ 方向單位立體角之通過所有單位面積的總能量。

由（2-7）、（2-8）可推導得到光譜通量（spectral flux）或輻照度（irradiance）如下：

$$dF_\nu = \frac{dW_\nu}{dA\,dt\,d\nu} = I_\nu\left(\vec{\Omega}\right)\cos\theta\,d\Omega$$

$$F_\nu = \int I_\nu\left(\vec{\Omega}\right)\cos\theta\,d\Omega \qquad (2\text{-}9)$$

此為在單位時間內，頻率範圍為 $d\nu$，且通過單位面積之來自所有方向的總能量。這是另一個有助於描述輻射場的參數。

最後我們定義總發射率（total emissive power）如下：

$$dE = \frac{dW_\nu}{dA\,dt} = I_\nu\left(\vec{\Omega}\right)\cos\theta\,d\Omega\,d\nu$$

$$E = \iint I_\nu\left(\vec{\Omega}\right)\cos\theta\,d\Omega\,d\nu = \int F_\nu\,d\nu \qquad (2\text{-}10)$$

代表單位時間內、所有頻率，來自所有方向並通過單位面積的總能量。

到此已完成所有基本參數的定義，由這些定義可利用微小的光子以描述輻射量場，而不是以古典的波動觀念來說明。此外，尚有一個重要的概念，那就是所有的光子運動不具方向的選擇性，也就是均向性（isotropy），此為黑體輻射的一個重要特性。在均向性的假設下，各種定義便更容易被應用到輻射場之描述。在此假設下，本文將再進行光譜能量密度的推導。首先，可將（2-2）式改寫成：

$$f_\nu = \frac{n_\nu}{4\pi} \qquad (2\text{-}11)$$

代表單位體積，沿著任一立體角方向的光子數等於單位體積的光子數除以單位球面積。

由（2-6）可得光譜能量密度如下：

$$\rho_\nu = \frac{4\pi I_\nu}{c} \qquad (2\text{-}12)$$

再利用（2-4）、（2-11）、（2-12）即可得到光譜能量密度：

$$\rho_\nu = 4\pi\, h\nu\, f_\nu(\vec{\Omega}) = h\nu n_\nu \qquad (2\text{-}13)$$

此式表示頻率範圍為 $d\nu$，沿任一方向的能量密度等於單一光子能量乘以總光子數。

由（2-9）可得光譜通量或輻照度為：

$$F_\nu = \int I_\nu(\vec{\Omega})\cos\theta\, d\Omega = I_\nu \int_0^{2\pi} \int_0^{\pi/2} \cos\theta\sin\theta\, d\theta\, d\phi \quad (2\text{-}14)$$

$$F_\nu = \pi I_\nu \qquad (2\text{-}15)$$

其中 $I = \int_0^\infty I_\nu\, d\nu$ 稱為輻射總強度（total intensity）。而由（2-10）式，總發射率 E 可寫成：

$$E = \pi I \qquad (2\text{-}16)$$

在此必須特別說明的是，(2-14) 中 θ 角的積分是由0到 $\pi/2$，而不是到 π。最主要是因為文獻中的定義通常是指相對於表面的發射，因此 F_v 有時稱為半球光譜輻射通量（hemispherical spectral radiant flux），而 E 有時則稱為半球總發射率（hemispherical total emissive power）。

接下來將利用光譜能量密度表示半球總發射率，首先將（2-12）式代入（2-16）式可得到：

$$E = \frac{c}{4} \int \rho_v dv \qquad (2\text{-}17)$$

再利用（2-13）式代入（2-17）式即可得到半球總發射率的表示式為：

$$E = \frac{c}{4} \int h v\, n_v\, dv \qquad (2\text{-}18)$$

而光譜輻射通量(spectral radiant flux)同樣也可用光譜能量密度表示，在利用（2-12）消去（2-15）中之 I 後，可得到光譜輻射通量為：

$$F_v = \frac{c}{4} \rho_v \qquad (2\text{-}19)$$

由此可知，光譜輻射通量和光譜能量密度有關。

到此為止，我們已利用了一些量子力學的觀念，因為我們將輻射場視為由光子所組成，而不是如同古典理論一般由波所組成。

接著我們將暫時轉移焦點，由巨觀切入，並由一些參數定義描述輻射能在傳播過程中能量與介質之間的交互作用。這些交互作用是早期以實驗推得的特徵，而非先前微觀的分析。我們將發現某些輻射場的觀測性質與某些介質有關，並且利用某些比例常數來描述彼此之間的關係。早期是以實驗來求得這比例常數，正如同前面所提到古典熱力學的係數一般，無法由數學推導，而必須藉由實驗求得。事實上，量子力學可通過對介質分子結構的了解，以及輻射介質與輻射所產生電磁波交互作用的了解，得到這種交互作用的關係。

2.3 輻射吸收

考慮一束強度為 $I_\nu\left(\vec{r}, \vec{\Omega}'\right)$ 的單色輻射（monochromatic radiation），其中 $\vec{r}$ 為空間向量，另有一厚度為 ds ，表面積為 dA 的薄層。當一束沿 $\vec{\Omega}$ 方向，立體角為 $d\Omega'$ ，單色輻射強度為 $I_\nu\left(\vec{r}, \vec{\Omega}'\right)$ 的入射輻射如圖 2-2所示射入薄層，部分輻射能將被薄層中的介質吸收，部分輻射能將被散射出來，其餘部分則可穿透該薄層。在此我們要討論的是被吸收的部分，首先定義光譜體積吸收係數 $K_\nu(\vec{r})$ （spectral volumetric absorption coefficient），此係數的單位為1/m，它代表入射輻射沿著入射方向，垂直薄層下單位長度被介質吸收的比率，所以單位時間、單位頻率、在立體角 $d\Omega'$ 內被薄層所吸收的能量為：

$$K_\nu(\vec{r})I_\nu\left(\vec{r}, \vec{\Omega}'\right)d\Omega'\, dA\, ds \qquad (2\text{-}20)$$

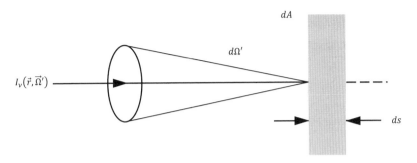

圖2-2 入射輻射在立體角 $d\Omega'$ 內入射到薄層（Buglia, 1986）

在此 $1/K_\nu(\vec{r})$ 可解釋為光子吸收的平均自由路徑（mean free path），也就是說入射的光子有 $1/e$ 部分將在 $1/K_\nu(\vec{r})$ 之距離內被吸收。

體積吸收係數也能夠被寫成較常用的型式，即分子吸收係數 $K_\nu^m(\vec{r})$ 及質量吸收係數 $K_\nu^d(\vec{r})$。假設薄層中光學活性介質（optically active material）的分子密度為 $n_m(\vec{r})$，單位為molecules/m^3，每一個分子具有一個的吸收截面 $K_\nu^m(\vec{r})$，單位為m^2/molecule，因此在長度 ds 內，入射輻射的總吸收量可寫成下式：

$$K_\nu^m(\vec{r})I_\nu(\vec{r},\vec{\Omega}')d\Omega'\, n_m(\vec{r})dA\, ds \qquad （2-21）$$

比較（2-20）式及（2-21）式顯示：

$$K_\nu(\vec{r}) = K_\nu^m(\vec{r})n_m(\vec{r}) \qquad （2-22）$$

同樣地，假如光學活性介質具有質量密度 $\rho_m(\vec{r})$，單位為kg/m^3，則與（2-21）式類似，可得到：

$$K_\nu^d(\vec{r})I_\nu(\vec{r},\vec{\Omega}')d\Omega' \, \rho_m(\vec{r})dA \, ds \qquad (2\text{-}23)$$

$$K_\nu(\vec{r}) = K_\nu^d(\vec{r})\rho_m(\vec{r}) \qquad (2\text{-}24)$$

其中 $K_\nu^m(\vec{r})$ 單位為 m^2/molecule，$K_\nu^d(\vec{r})$ 單位為 m^2/kg。

2.4 輻射散射

入射光束除被吸收作用所衰減外，有些入射的光子也會因散射作用而離開入射光束。令 $\sigma_\nu(\vec{r})$ 為光譜體積散射係數（spectral volumetric scattering coefficient），單位為 1/m，若有一中心頻率為 ν 的光譜，其在單位時間內，被薄層中單位厚度的光學活性介質散射到所有方向的總量為：

$$\sigma_\nu(\vec{r})I_\nu(\vec{r},\vec{\Omega}')d\Omega' \qquad (2\text{-}25)$$

但此式並未提供任何關於散射輻射的方向分布訊息，因而在此採用相位函數（phase function, $P_\nu(\vec{\Omega},\vec{\Omega}')$）的觀念。當入射輻射 $I_\nu(\vec{r},\vec{\Omega}')$ 在 $\vec{\Omega}'$ 方向以 $d\Omega'$ 的立體角入射，其被散射到 $\vec{\Omega}$ 方向，立體角為 $d\Omega$ 的範圍之機率為：

$$\frac{1}{4\pi}P_\nu(\vec{\Omega},\vec{\Omega}')d\Omega \qquad (2\text{-}26)$$

其中 4π 為總立體角。將相位函數取標準化（normalization）之後得到：

$$\frac{1}{4\pi}\int_{\Omega} P_\nu\left(\vec{\Omega},\vec{\Omega}'\right)d\Omega = 1 \qquad （2\text{-}27）$$

這表示被散射的光子一定會存在於單位球體中的某一方向上。

　　錢卓塞卡（Chandrasekhar,1910~1995）認為散射和吸收作用是並存的，所以定義（2-27）式的積分為：

$$\frac{1}{4\pi}\int_{\Omega} P_\nu\left(\vec{\Omega},\vec{\Omega}'\right)d\Omega = \widetilde{\omega}_\nu \qquad （2\text{-}28）$$

其中 $\widetilde{\omega}_\nu$ 為單次散射反照率（single scattering albedo），這反照率觀念在往後章節中將會介紹。這假設雖然被許多學者接受，但更多的專家仍然採用（2-27）式，也是本文所採用的方式，因為參數 $\widetilde{\omega}_\nu$ 已包含在輻射傳送方程式（Radiative Transfer Equation, RTE）中。（2-27）式的定義在下一章中也繼續被引用來推導輻射傳送方程。

　　將（2-25）式及（2-26）式相乘表示入射輻射在單位時間內，被薄層中單位體積的介質散射至 $\vec{\Omega}$ 方向，立體角 $d\Omega$ 為範圍內的量，其形式為：

$$\left[\sigma_\nu(\vec{r})I_\nu\left(\vec{r},\vec{\Omega}'\right)d\Omega'\right]\left[\frac{1}{4\pi}P_\nu\left(\vec{\Omega},\vec{\Omega}'\right)d\Omega\right] \qquad （2\text{-}29）$$

　　將（2-29）式對所有入射方向積分，結果為：

$$\frac{1}{4\pi}\sigma_\nu(\vec{r})d\Omega\int_{\Omega'}I_\nu(\vec{r},\vec{\Omega}')P_\nu(\vec{\Omega},\vec{\Omega}')d\Omega' \qquad （2\text{-}30）$$

此式表示單位時間內，來自不同方向的輻射，被散射到 $\vec{\Omega}$ 方向，立體角為 $d\Omega$ 範圍內的輻射量。

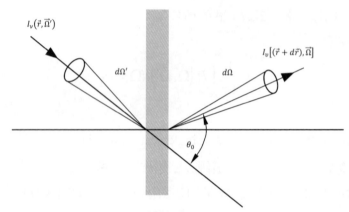

圖2-3 散射過程入射輻射和散射輻射的幾何關係，$I_\nu(\vec{r},\vec{\Omega}')$ **代表入射輻射**，$I_\nu((\vec{r}+d\vec{r}),\vec{\Omega}')$ **代表散射輻射**，θ_0 **為散射角**（ Buglia, 1986 ）

圖2-3表示散射過程的幾何關係，其中 θ_0 為散射角（scattering angle）。通常假設相位函數僅和散射角有關，因此相位函數可表示為：

$$P_\nu(\vec{\Omega},\vec{\Omega}')=P_\nu(\cos\theta_0) \qquad （2\text{-}31）$$

所以（2-30）式可寫為：

$$\frac{1}{4\pi}\sigma_\nu(\vec{r})d\Omega\int_0^{2\pi}\int_0^{\pi/2}I_\nu(\vec{r},\theta',\phi')P_\nu(\cos\theta_0)\sin\theta'\,d\theta'\,d\phi' \qquad （2\text{-}32）$$

其中 θ' 和 ϕ' 分別為極坐標（polar coordinates）系統上的餘緯度角（colatitude）和方位角（azimuth angle）（如圖2-4），θ 和 ϕ 分別代表被散射的輻射在極坐標系統上的餘緯度角和方位角。

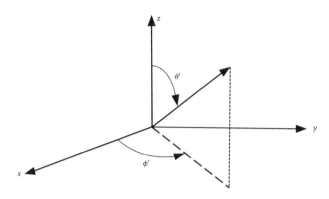

圖2-4　散射角的球坐標系統，z軸為薄板的法線方向（Liou, 1980）

將入射輻射及散射輻射，在球坐標（spherical coordinates）上都以單位向量 $\vec{\Omega}$ 和 $\vec{\Omega}'$ 表示：

$$\vec{\Omega} = \begin{bmatrix} \sin\theta\cos\phi \\ \sin\theta\sin\phi \\ \cos\theta \end{bmatrix} \quad \vec{\Omega}' = \begin{bmatrix} \sin\theta'\cos\phi' \\ \sin\theta'\sin\phi' \\ \cos\theta' \end{bmatrix} \quad （2\text{-}33）$$

因此，這兩向量的內積就是散射角餘弦，可表示為：

$$\cos\theta_0 = \vec{\Omega} \cdot \vec{\Omega}'$$

$$\cos\theta_0 = \cos\theta\cos\theta' + \sin\theta\sin\theta'\cos(\phi' - \phi) \quad （2\text{-}34）$$

角度餘弦可表示為 $\mu = \cos\theta$，所以（2-34）式可寫為：

$$\mu_0 = \mu\mu' + \left(1-\mu^2\right)^{1/2}\left(1-\mu'^2\right)^{1/2}\cos\left(\phi'-\phi\right) \qquad （2\text{-}35）$$

　　相位函數的形式是一項值得探討的課題，將在下一章介紹。在本章相位函數僅為散射角的函數，而非方位角的函數，這幾乎是所有文章所採用的限制條件。在許多大氣的應用上，相位函數的輪廓可以圖2-5表示，圖中以入射方向為軸，呈現軸對稱形式。圖中散射函數有少量的反散射（backscattering），如圖2-5中a的位置；也有一個或多個側瓣（side-lobes），如圖2-5中b的位置；以及強烈的前散射（forward-scattering）峰值，如圖2-5中c的位置。這前散射和反散射量的比率，在許多情況下其數值會達到好幾百。

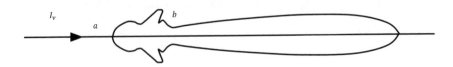

圖 2-5 典型的散射形態，對於大多數的物質而言，其散射形態是以入射方向為軸，呈旋轉對稱（Buglia, 1986）

　　一般而言，在輻射傳送處理過程中，相位函數是以勒壞得（Legendre）多項式的級數表示：

$$P\left(\cos\theta_0\right) = \sum_{j=0}^{N}\widetilde{\omega}_j P_j\left(\cos\theta_0\right)\left(\widetilde{\omega}_0=1\right) \qquad （2\text{-}36）$$

其中 $\cos\theta_0$ 是來自於（2-35）式。若N值越大，則所表示的相位函數之精確度越高。在這相位函數中，若前散射量越多，（2-36）式就需要採用越多項來表示，以精確的描述相位函數；換言之，N值可能需要到好幾百。然而在實際的應用上，幾乎所有的學者在描述相位函數時最多只採用（2-36）式的前2到3項。這對最後輻射方程式的數學描述將會較有條理，而且對物理的過程也會較明瞭。此外，在輻射傳送上的應用，（2-36）式只取前2至3項就可達到不錯的數值結果。

現在就從一項展開式開始說明，只取一項時的相位函數為：

$$P(\cos\theta_0) = 1 \qquad (2\text{-}37)$$

這是最簡單的狀況，而且是很重要的均向散射（isotropic scattering）例子，也就是所有方向的散射量相等。許多輻射傳送過程事實上是非常接近均向性的。而且在解析上可供充分的研究。此外，由這假設所得到之較簡單的解可進一步推廣到較複雜的情況，如使用相似轉換（similarity transformation）可由較複雜的非均向性之情況，將變數轉換為等效的均向性形式，這在第六章中會有所說明。

錢卓塞卡提出二項式的表示法為：

$$P(\cos\theta_0) = 1 + \widetilde{\omega}_1 \cos\theta_0 \qquad (2\text{-}38)$$

而三項式的表示法為：

$$P(\cos\theta_0) = 1 + \widetilde{\omega}_1 \cos\theta_0 + \widetilde{\omega}_2 P_2(\cos\theta_0) \qquad (2\text{-}39)$$

當 $\widetilde{\omega}_1 = 0$ 且 $\widetilde{\omega}_2 = 1/2$ 時，（2-40）式就是著名的瑞立相位函數（Rayleigh phase function）（見圖2-6）的表示法：

$$P(\cos\theta_0) = \frac{3}{4}\left(1 + \cos^2\theta_0\right) \qquad (2\text{-}40)$$

這相位函數的前散射和反散射峰值相同，並且可用來描述粒徑遠比入射輻射波長小的粒子對入射輻射的散射現象。

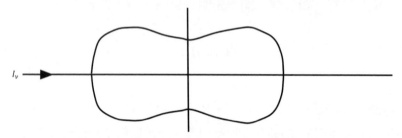

圖2-6 瑞立相位函數圖，本圖為沿長軸方向旋轉對稱（ Buglia, 1986 ）

　　最後舉Henyey-Greenstein相位函數的情況為例，這相位函數是應用於描述較大的前向散射峰值，可表示為：

$$P(\cos\theta_0) = \frac{1 - g^2}{\left(1 + g^2 - 2g\cos\theta_0\right)^{3/2}} \qquad (-1 \le g \le +1) \qquad (2\text{-}41)$$

其中 g 是非對稱參數（asymmetry parameter），決定前向散射鋒值的大小。而（2-41）式在不對稱散射的理論研究上是很有幫助的。接下來將把 Henyey-Greenstein 相位函數以勒壤得多項式的函數表示。通常勒壤得多項式的一般表示法為：

$$f = (1 - 2\mu g + g^2)^{-\frac{1}{2}} = \sum_{n=0}^{\infty} g^n P_n(\mu), \ |g| < 1 \qquad （2\text{-}42）$$

將上式對 g 微分，結果為：

$$\frac{\partial f}{\partial g} = \frac{(\mu - g)}{(1 - 2\mu g + g^2)^{\frac{3}{2}}} = \sum_{n=0}^{\infty} n g^{n-1} P_n(\mu) \qquad （2\text{-}43）$$

令 $\phi = f + 2g \dfrac{\partial f}{\partial g}$ ，則

$$\phi = f + 2g \frac{\partial f}{\partial g} = \frac{1 - g^2}{(1 - 2\mu g + g^2)^{\frac{3}{2}}} = \sum_{n=0}^{\infty} (2n+1) g^n P_n(\mu) \qquad （2\text{-}44）$$

所以，Henyey-Greenstein相位函數可用勒壤得多項式的函數表示，其展開式為：

$$P(\cos\theta_0) = \sum_{n=0}^{\infty} (2n+1) g^n P_n(\cos\theta_0) \qquad （2\text{-}45）$$

當 g 值為正代表前散射為峰值，當 g 值為負表示反散射分量較大，而當 g 值為0時表示這相位函數為均向性。在（2-41）式或（2-45）式中選取2項或2項以上，且配合不同的 g 值，就可得到較好的相位函數近似。

在（2-41）式中，前散射（$\theta_0 = 0$）與反散射（$\theta_0 = \pi$）分量的比率為：

$$\frac{P(\theta_0 = 0)}{P(\theta_0 = \pi)} = \left(\frac{1+g}{1-g}\right)^3 \qquad （2\text{-}46）$$

而表2-2為（2-46）式的結果隨 g 值變化的情形。在大氣中，許多氣膠的前散射和反散射峰值比率可達到數百個數量級，並可由 g 值範圍在 $0.65 \le g \le 0.70$ 的 Henyey-Greenstein 相位函數來表示。

表2-2 Henyey-Greenstein相位函數的前散射和反散射鋒值比率

g	$P(\theta_0 = 0)/P(\theta_0 = \pi)$
0.0	1.000
0.1	1.826
0.2	3.375
0.3	6.405
0.4	12.704
0.5	27.000
0.6	64.000
0.7	181.963
0.8	729.000
0.9	6859.000
1.0	∞

對（2-36）式作方位角的積分，可得到一些有用的結果，此積分可由下一章（3-28）式的展開式得到：

$$P(\mu, \mu') = \frac{1}{2\pi} \int_0^{2\pi} P(\cos\theta_0) d\phi \qquad （2\text{-}47）$$

從（3-28）式可知，除m=0外，其他各項在0到2π的區間積分結果均為0，所以（2-47）式可寫為：

$$P(\mu, \mu') = \sum_{j=0}^{\infty} \widetilde{\omega}_j P_j(\mu) P_j(\mu') \qquad （2\text{-}48）$$

其前兩項展開為：

$$P(\mu, \mu') = 1 + \widetilde{\omega}_1 \mu\mu' \qquad （2\text{-}49）$$

其中 $\widetilde{\omega}_1$ 與非對稱參數 g 有關。當（2-48）式的前3項展開，在 $\widetilde{\omega}_1 = 0$ 及 $\widetilde{\omega}_2 = 1/2$ 時，即為瑞立相位函數，可表示為：

$$P(\mu, \mu') = 1 + \frac{1}{8}\left(3\mu^2 - 1\right)\left(3\mu'^2 - 1\right) \qquad （2\text{-}50）$$

在方位角對稱的情形下，所有方向的散射分量在入射方向的投影量總合以 $\langle\cos\theta_0\rangle$ 表示，也就是入射光被散射後，仍保留在原行進方向的量。這投影量也就是經標準化之相位函數的一階矩（moment），也是一種非對稱參數，表示為：

$$\langle\cos\theta_0\rangle = \frac{1}{2} \int_{-1}^{1} P(\cos\theta_0) \cos\theta_0 \, d\cos\theta_0 \qquad （2\text{-}51）$$

（2-49）式中的 $\widetilde{\omega}_1$ 則與此非對稱參數有關。

接下來將（2-38）式代入（2-51）式，在積分可得到：

$$\langle\cos\theta_0\rangle = \frac{1}{3}\widetilde{\omega}_1 \qquad\qquad (2\text{-}52)$$

因為Henyey-Greenstein相位函數的非對稱參數可寫為：

$$\langle\cos\theta_0\rangle = g \qquad\qquad (2\text{-}53)$$

因此

$$\widetilde{\omega}_1 = 3g \qquad\qquad (2\text{-}54)$$

　　瞭解散射和吸收在觀念上的差異性是很重要的。在散射過程中，光子與介質中粒子的交互作用，在巨觀上，只改變行進方向而仍保持原來能量。這可想像為光子與粒子在交互作用後，從粒子中往某一方向跳出，而其能量並未改變。因此在純散射的情況下，介質的內能、動能和溫度都不受影響。

　　在吸收的過程中，光子的能量完全被轉換為粒子的能量，而且光子原本的形態也隨之消失。因此介質中粒子的動能會增加，而溫度也會隨之升高。而發射的情況恰好與吸收相反，當介質中的粒子發射出光子時，粒子的能量將減少，而使介質的溫度降低。

　　一般而言，介質可以吸收和發射輻射能量，也可以散射輻射能量。

但是只有吸收和發射光子會影響入射輻射光束的能量，而對介質的能量改變有所貢獻。在本章中，散射守恒（conservative scattering）則是表示在沒有吸收或發射的情況下之純散射過程。

第三章 輻射傳送方程

3.1 輻射傳送方程

本章將探討電磁波在通過光學活性介質時所產生的吸收，發射及散射的能量，以推導出輻射傳送方程（Radiative Transfer Equation, RTE），並討論幾種較常使用的表示式。

首先將推導輻射傳送方程的一般表示式。假設有一光學活性介質，其體積吸收係數和散射係數（scattering coefficient）分別為 $k_\nu(s)$ 和 $\eta_\nu(s)$，其中 s 為電磁波傳送路徑的距離。當一束具有輻射強度 $I(s, \vec{\Omega}, t)$ 的單色光，沿 $\vec{\Omega}$ 方向進入此介質，其路徑為 ds，而這單色光之立體角為 $d\Omega$。則經過介質後，輻射強度為（如圖3-1所示）：

$$I_\nu\left(s, \vec{\Omega}, t\right) + DI_\nu\left(s, \vec{\Omega}, t\right) \qquad (3-1)$$

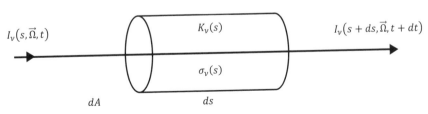

圖3-1 當一束單色光經過一介質路徑 ds 後，輻射強度的改變情形

（Buglia, 1986）

假設單色光經過介質後，單位時間內、單位體積、單位立體角的輻射強度改變量為 W_ν，則輻射能的變化量可表示為：

$$W_\nu \, dAds d\Omega d\nu dt \qquad (3\text{-}2)$$

但由輻射強度 I_ν 的定義，輻射能的變化量亦可表示為：

$$DI_\nu(s, \vec{\Omega}, t) dAd\Omega d\nu dt \qquad (3\text{-}3)$$

所以

$$\frac{DI_\nu\left(s, \vec{\Omega}, t\right)}{Ds} = W_\nu \qquad (3\text{-}4)$$

假設介質是固定於 $dAds$ 的體積內，則（3-4）式可應用歐拉轉換（Eulerian change），將全微分區分為時間和空間的變化情形。首先由歐拉轉換：

$$\frac{D}{Ds} = \frac{1}{c}\frac{D}{Dt} = \frac{1}{c}\left[\frac{\partial}{\partial t} + \vec{c} \cdot \nabla\right]$$

其中 $\vec{c} = c\vec{\Omega}$ 為光子速度，所以（3-4）式可寫成：

$$\frac{1}{c}\frac{\partial I_\nu(s, \vec{\Omega}, t)}{\partial t} + \vec{\Omega} \cdot \nabla I_\nu\left(s, \vec{\Omega}, t\right) = W_\nu \qquad (3\text{-}5)$$

因為光子是沿s方向前進，所以（3-5）式可簡化成：

$$\frac{1}{c}\frac{\partial I_\nu(s,\vec{\Omega},t)}{\partial t}+\frac{\partial I_\nu(s,\vec{\Omega},t)}{\partial s}=W_\nu \qquad （3\text{-}6）$$

輻射能量的變化量 W_ν 可分為四個分量的組成：

$W_{\nu 1}=j_\nu^e(s,t)$，單位體積內物質所發射出的能量。

$W_{\nu 2}=-k_\nu(s)I_\nu(s,\vec{\Omega},t)$，單位體積內所吸收的能量，$k_\nu(s)$ 為吸收係數。

$W_{\nu 3}=-\eta_\nu(s)I_\nu(s,\vec{\Omega},t)$，單位體積內所散射出去的能量，$\eta_\nu(s)$ 為散射係數。

$W_{\nu 4}=\dfrac{1}{4\pi}\eta_\nu(s)\displaystyle\int_{\Omega'}P\big(\cos\theta_0\big)I_\nu\big(s,\vec{\Omega}',t\big)d\Omega'$，所有方向散射進入單位體積的能量。

將上述的四個分量代入（3-6）式得到：

$$\begin{aligned}
&\frac{1}{c}\frac{\partial I_\nu(s,\vec{\Omega},t)}{\partial t}+\frac{\partial I_\nu(s,\vec{\Omega},t)}{\partial s}\\[4pt]
&=j_\nu^e(s,t)-k_\nu(s)I_\nu(s,\vec{\Omega},t)-\eta_\nu(s)I_\nu\big(s,\vec{\Omega},t\big)\qquad （3\text{-}7）\\[4pt]
&+\frac{1}{4\pi}\eta_\nu(s)\int_{\Omega'}P\big(\cos\theta_0\big)I_\nu\big(s,\vec{\Omega}',t\big)d\Omega'
\end{aligned}$$

（3-7）式即為輻射傳送方程的一般表示式。

在輻射傳送方程中，輻射強度在短時間內的變化量非常小，若再

除以光速c則將趨近於0，所以（3-7）式等號左邊第一項，和其他各項相比是非常小的，在以後的討論中將被省略。一般而言，單位體積內物體所發射出的輻射能（W_{v1}），和各方向散射進入單位體積的輻射能（W_{v4}），兩者均會增加輻射傳送的能量，其總和可稱之為源項（source term），以j_v來表示：

$$j_v = j_v^e(s,t) + \frac{1}{4\pi}\eta_v(s)\int_{\Omega'} P(\cos\theta_0)I_v(s,\vec{\Omega}',t)d\Omega' \qquad (3\text{-}8)$$

所以（3-7）式的輻射傳送方程可寫為：

$$\frac{dI_v(s,\vec{\Omega})}{ds} = j_v - k_v(s)I_v(s,\vec{\Omega}) - \eta_v(s)I_v(s,\vec{\Omega}) \qquad (3\text{-}9)$$

將（3-9）式等號兩側各除以$k_v(s)+\eta_v(s)$，移項後得到：

$$\frac{1}{k_v(s)+\eta_v(s)}\frac{dI_v(s,\vec{\Omega})}{ds} + I_v(s,\vec{\Omega}) = J_v(s,\vec{\Omega}) \qquad （3\text{-}10）$$

其中$J_v(s,\vec{\Omega}) = \dfrac{j_v}{k_v(s)+\eta_v(s)}$即稱之為源函數，而（3-10）式也是輻射傳送方程的一種常見形式。

接下來將假設單位體積處於局部熱力平衡之狀態，並導出此狀態下之輻射傳送方程。首先由克希何夫定律（發射率等於吸收率）可將j_v^e以卜郎克函數$B_v(T)$表示為：

$$j_v^e = k_v(s)B_v(T) \qquad (3\text{-}11)$$

其中T為介質中單位體積的絕對溫度，因此可將源項寫為：

$$j_v = k_v(s)B_v(T) + \frac{1}{4\pi}\eta_v(s)\int_{\Omega'} P(\cos\theta_0)I_v(s,\vec{\Omega}')d\Omega' \quad (3\text{-}12)$$

接下來定義光譜體積消光係數（spectral volumetric extinction coefficient）為：

$$K_v(s) = k_v(s) + \eta_v(s) \qquad (3\text{-}13)$$

單次散射反照率（Single-scattering albedo or particle albedo）為：

$$\widetilde{\omega}_v = \frac{\eta_v(s)}{K_v(s)} \qquad (3\text{-}14)$$

代表被削弱的輻射能中，散射所佔的比率，至於吸收所佔的比率則為：

$$1 - \widetilde{\omega}_v = \frac{k_v(s)}{K_v(s)} \qquad (3\text{-}15)$$

所以（3-10）式便可改寫成：

$$\frac{1}{K_v(s)}\frac{dI_v(s,\vec{\Omega})}{ds} + I_v(s,\vec{\Omega}) = J_v(s,\vec{\Omega}) \qquad (3\text{-}16)$$

其中源函數則為：

$$J_\nu\left(s,\vec{\Omega}\right)=\left(1-\widetilde{\omega}_\nu\right)B_\nu(T)+\frac{\widetilde{\omega}_\nu}{4\pi}\int_{\Omega'}P(\cos\theta_0)I_\nu\left(s,\vec{\Omega}'\right)d\Omega' \qquad (3\text{-}17)$$

（3-16）式即為局部熱力平衡下的輻射傳送方程。

3.2 平行平面大氣中的輻射傳送方程

在本節中將討論輻射通過平行平面介質時，輻射傳送方程的表示方式。此平行平面介質是由許多層垂直於z方向的平面所組成。此介質的光學性質則為 z 及頻率 ν 的函數。由圖 3-2 可知，$d(\ )/ds=\cos\theta d(\ )/dz=\mu d(\ )/dz$，故（3-16）式的輻射傳送方程可以由z、$\mu$ 及ϕ改寫為：

$$\frac{\mu}{K_\nu(s)}\frac{dI_\nu(z,\mu,\phi)}{dz}+I_\nu(z,\mu,\phi)=J_\nu(z,\mu,\phi) \qquad (3\text{-}18)$$

另外在（3-17）式中立體角 $d\Omega'$ 可表示為：

$$d\Omega'=\sin\theta'd\theta'd\phi'=-d\mu'd\phi' \qquad (3\text{-}19)$$

故（3-17）式源函數可改寫為：

$$J_v(z, \mu, \phi) = (1 - \widetilde{\omega}_v) B_v[T(z)]$$
$$- \frac{\widetilde{\omega}_v}{4\pi} \int_0^{2\pi} \int_{+1}^{-1} P(\cos\theta_0) I_v(z, \mu', \phi') d\mu' d\phi' \qquad (3\text{-}20)$$

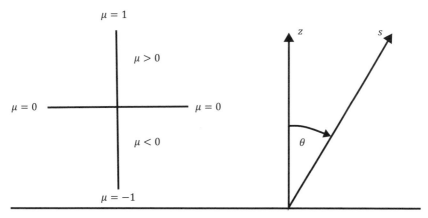

圖3-2 平行平面大氣的幾何圖示，z方向是從表面往上，正的 μ 表示輻射為向上傳送（Zdunkowski et al., 2007）

（3-18）式即為利用 μ、ϕ 及垂直座標z所表示的輻射傳送方程。

接著將利用光學厚度（optical depth）表示輻射傳送方程。首先介紹光學厚度的概念，定義光學厚度 τ_v 為：

$$\tau_v = \int_z^\infty K_v(z') dz'$$
$$d\tau_v = -K_v(z) dz \qquad (3\text{-}21)$$

從（3-21）式中顯示大氣層頂的光學厚度為0，當高度z減少時，光學厚度 τ_v 則逐漸增加。圖3-3說明了其間的關係。

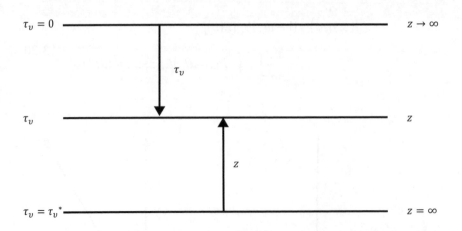

圖3-3 垂直座標z和光學厚度 τ_ν 的對應示意圖，τ_ν^{*} 代表大氣層頂至地面的

光學厚度（ Tseng, 1988 ）

若以光學厚度 τ_ν 代替垂直座標z，則（3-18）式可表示為：

$$\mu \frac{dI_\nu(\tau_\nu,\mu,\phi)}{d\tau_\nu} = I_\nu(\tau_\nu,\mu,\phi) - J_\nu(\tau_\nu,\mu,\phi) \qquad （3\text{-}22）$$

其中源函數則可寫為：

$$J_\nu(\tau_\nu,\mu,\phi) = (1-\widetilde{\omega}_\nu)B_\nu\big[T(\tau_\nu)\big]$$
$$+ \frac{\widetilde{\omega}_\nu}{4\pi}\int_0^{2\pi}\int_{-1}^{1}P(\cos\theta_0)I_\nu(\tau_\nu,\mu',\phi')d\mu'd\phi' \qquad （3\text{-}23）$$

（3-22）式即為以 μ 、 ϕ 及光學厚度 τ_ν 所表示的輻射傳送方程。

3.3 輻射傳送方程的特定應用形式

在本節中將進一步討論（3-22）式輻射傳送方程的幾種常見特定形式。第一種常見的形式是在可見光波段範圍時，大氣所發射的輻射（以地球大氣的可能溫度，幾乎不會發射出可見光）遠小於太陽的發射量，所以輻射傳送方程中的 $(1-\widetilde{\omega}_v)B_v[T(\tau_v)]$ 可以忽略，在輻射傳送過程中只有散射與吸收兩種作用。因此（3-22）式及（3-23）式可改寫為：

$$\mu\frac{dI_v(\tau_v,\mu,\phi)}{d\tau_v}=I_v(\tau_v,\mu,\phi)$$
$$-\frac{\widetilde{\omega}_v}{4\pi}\int_0^{2\pi}\int_{-1}^1 P(\cos\theta_0)I_v(\tau_v,\mu',\phi')d\mu'd\phi' \tag{3-24}$$

（3-24）式即為可見光波段範圍內的輻射傳送方程。

第二種形式則是在紅外波段範圍時，地球大氣系統中，紅外波段輻射的主要來源為輻射傳送方程的發射項，同時在此波段範圍裡散射可以忽略不計（相對於大氣氣體成分，紅外線波長遠超過空氣粒子大小，因此不會產生散射現象），故 $\widetilde{\omega}_v=0$，則（3-22）式及（3-23）式可寫為：

$$\mu\frac{dI_v(\tau_v,\mu,\phi)}{d\tau_v}=I_v(\tau_v,\mu,\phi)-B_v[T(\tau_v)] \tag{3-25}$$

（3-25）式即為紅外波段範圍內的輻射傳送方程。

3.4 輻射傳送方程的勒壤得多項式展開

在可見光波段區域中，由於介質散射的相位函數是具方向性的，當輻射通過介質時，其散射之大小與方位角有關，造成（3-24）式計算上的困難。若將相位函數以勒壤得多項式展開，則可將相位函數中與方位角有關的變數獨立出來。因此在本節中，我們將勒壤得多項式應用到（3-24）式中的相位函數和輻射強度上，並將方位角參數分離，供計算上之使用。

首先將相位函數 $P(\cos\theta_0)$ 以勒壤得多項式展開，由（2-35）式的散射幾何之關係：

$$\cos\theta_0 = \mu\mu' + \left(1-\mu^2\right)^{1/2}\left(1-\mu'^2\right)^{1/2}\cos(\phi-\phi')$$

可以將相位函數（2-31）式以N階的勒壤得多項式展開：

$$P(\cos\theta_0) = \sum_{\ell=0}^{N} \widetilde{\omega}_\ell P_\ell\left(\cos\theta_0\right)\ \left(\widetilde{\omega}_0 = 1\right) \tag{3-26}$$

由勒壤得多項式的加法定理（見附錄）可以得到下式：

$$P_\ell(\cos\theta_0) = \sum_{m=0}^{\ell}\left(2-\delta_{0m}\right)\frac{(\ell-m)!}{(\ell+m)!}P_\ell^m(\mu)P_\ell^m(\mu')\cos[m(\phi-\phi')] \tag{3-27}$$

再將（3-27）式代入（3-26）式可以得到：

$$P(\mu,\mu',\phi,\phi') = \sum_{m=0}^{N}\sum_{\ell=m}^{N}\widetilde{\omega}_\ell^{\,m} P_\ell^m(\mu) P_\ell^m(\mu')\cos\left[m(\phi'-\phi)\right] \qquad （3\text{-}28）$$

$$其中\ \widetilde{\omega}_\ell^{\,m} = \widetilde{\omega}_\ell\left(2-\delta_{0m}\right)\frac{(\ell-m)!}{(\ell+m)!}\left(\begin{array}{c} 0 \le m \le N \\ \ell = m, m+1, \ldots, N \end{array}\right)$$

另外 δ_{0m} 則為克氏符號（Kronecker delta），當 $m=0$ 時，$\delta_{0m}=1$；當 $m \ne 0$ 時，$\delta_{0m}=0$。

（3-28）式即為相位函數的勒壞得展開式，與方位角有關的變數已經被獨立出來。接下來我們將要把此展開式代入可見光波段的輻射傳送方程，對輻射傳送方程作進一步的簡化。先將（3-28）式代入（3-24）式後可得到：

$$\mu\frac{dI_\nu(\tau_\nu,\mu,\phi)}{d\tau_\nu} = I_\nu(\tau_\nu,\mu,\phi) - \frac{\widetilde{\omega}_\nu}{4\pi}\sum_{m=0}^{N}\sum_{\ell=m}^{N}\widetilde{\omega}_\ell^{\,m} P_\ell^m(\mu)$$
$$\times \int_0^{2\pi}\int_{-1}^{1} P_\ell^m(\mu') I_\nu(\tau_\nu,\mu',\phi')\cos[m(\phi'-\phi)]d\mu'd\phi' \qquad （3\text{-}29）$$

上式中相位函數已被分成 μ,μ' 和 $(\phi'-\phi)$ 函數的乘積。如果能將 $I_\nu(\tau_\nu,\mu,\phi)$ 以傳立葉級數（Fourier series）對 ϕ 展開，則可將與方位角相關之項獨立出來，以簡化（3-29）式。通常在可見光波段中，太陽為大氣輻射之主要來源，可視為平行直射，其方向定義為 (θ_0,ϕ_0)，如圖3-4所示，其輻射強度可對此單位向量展開：

$$I_\nu(\tau_\nu,\mu,\phi) = \sum_{m=0}^{N} I_\nu^m(\tau_\nu,\mu)\cos[m(\phi_0-\phi)] \qquad （3\text{-}30）$$

其中 I_v^m 僅為 τ_v 和 μ 的函數。

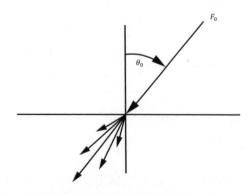

圖3-4 太陽輻射之平行光的散射情形（**Buglia, 1986**）

將（3-30）式代入（3-29）式可得：

$$\sum_{m=0}^{N} \mu \frac{dI_v^m(\tau_v,\mu)}{d\tau_v} \cos[m(\phi_0-\phi)]$$

$$= \sum_{m=0}^{N} I_v^m(\tau_v,\mu)\cos[m(\phi_0-\phi)] - \frac{\widetilde{\omega}_v}{4\pi}\sum_{m=0}^{N}\sum_{\ell=m}^{N}\widetilde{\omega}_\ell^m P_\ell^m(\mu)\int_0^{2\pi}\int_{-1}^{1} P_\ell^m(\mu') \quad （3\text{-}31）$$

$$\times \sum_{p=0}^{N} I_v^p(\tau_v,\mu')\cos[p(\phi_0-\phi')]\cos[m(\phi'-\phi)]d\mu'\,d\phi'$$

上式中等號右邊的積分項可寫成：

$$\int_0^{2\pi}\int_{-1}^{1} P_\ell^m(\mu')\sum_{p=0}^{N} I_v^p(\tau_v,\mu')\cos[p(\phi_0-\phi')]\cos[m(\phi'-\phi)]d\mu'd\phi'$$

$$= \sum_{p=0}^{N}\int_{-1}^{1} P_\ell^m(\mu')I_v^p(\tau_v,\mu')d\mu'\int_0^{2\pi}\cos[p(\phi_0-\phi')]\cos[m(\phi'-\phi)]d\phi' \qquad （3\text{-}32）$$

其中

$$\int_0^{2\pi} \cos[p(\phi_0 - \phi')]\cos[m(\phi' - \phi)]d\phi'$$
$$= \delta_{mp}(1 + \delta_{0m})\pi \cos[p(\phi_0 - \phi)]$$
$$= (1 + \delta_{0m})\pi \cos[m(\phi_0 - \phi)] \qquad (if \ \ p = m)$$
$$= 0 \qquad (if \ \ p \neq m)$$

故（3-32）式的等號右邊可改寫成：

$$(1 + \delta_{0m})\pi \cos[m(\phi_0 - \phi)]\int_{-1}^1 P_\ell^m(\mu')I_\nu^m(\tau_\nu, \mu')d\mu' \qquad （3-33）$$

將（3-33）式代入（3-31）式，且比較 $\cos[m(\phi_0 - \phi)]$ 之係數，可得到：

$$\mu \frac{dI_\nu^m(\tau_\nu, \mu)}{d\tau_\nu} = I_\nu^m(\tau_\nu, \mu) - \frac{\widetilde{\omega}_\nu}{4}(1 + \delta_{0m})\sum_{\ell=m}^N \widetilde{\omega}_\ell^m P_\ell^m(\mu)$$
$$\times \int_{-1}^1 P_\ell^m(\mu')I_\nu^m(\tau_\nu, \mu')d\mu' \qquad （3-34）$$

由光譜通量的定義，（2-14）式可改寫為：

$$F_\nu(\tau_\nu) = \int_0^{2\pi}\int_0^\pi I_\nu(\tau_\nu, \theta, \phi)\cos\theta \sin\theta \, d\theta \, d\phi$$

或

$$F_\nu(\tau_\nu) = \int_0^{2\pi}\int_{-1}^1 \mu' I_\nu(\tau_\nu, \mu', \phi')d\mu'd\phi' \qquad （3-35）$$

若將（3-30）式代入上式則可得到光譜通量為：

$$F_\nu(\tau_\nu) = \int_0^{2\pi} \int_{-1}^1 \mu \sum_{m=0}^N I_\nu^m(\tau_\nu, \mu) \cos[m(\phi_0 - \phi)] d\mu d\phi$$

$$= \sum_{m=0}^N \int_{-1}^1 \mu I_\nu^m(\tau_\nu, \mu) d\mu \int_0^{2\pi} \cos[m(\phi_0 - \phi)] d\phi \qquad （3-36）$$

$$= 2\pi \int_{-1}^1 \mu I_\nu^0(\tau_\nu, \mu) d\mu \qquad\qquad (if\ m = 0)$$

由（3-36）式說明了在計算光譜通量時，只需要考慮m=0的情況，也就是說，只要解出與方位無關（m=0）的輻射傳送方程即可。因此，將m=0代入（3-34）式，並將上標0省略，可得到：

$$\mu \frac{dI_\nu(\tau_\nu, \mu)}{d\tau_\nu} = I_\nu(\tau_\nu, \mu) - \frac{\widetilde{\omega}_\nu}{2} \int_{-1}^1 I_\nu(\tau_\nu, \mu') P(\mu, \mu') d\mu' \qquad （3-37）$$

其中

$$P(\mu, \mu') = \sum_{\ell=0}^N \widetilde{\omega}_\ell P_\ell(\mu) P_\ell(\mu') \qquad （3-38）$$

（3-37）式即為可見光波段中，應用勒壤得級數展開，並將與方位角相關之項消去後所得之輻射傳送方程。但在下列情形下始能應用：

－不考慮紅外發射。

－在平行平面大氣中。

－相位函數可以勒壤得級數展開者。

一相位函數是方位角對稱的。

3.5 輻射傳送方程的漫射（diffuse）分量

接下來將討論輻射傳送方程的另一種常見形式。在探討大氣輻射的傳送時，常假設太陽光是由(θ_0, ϕ_0)方向平行進入大氣層。進入大氣中的光子有些被多次散射至各個方向，有些則被吸收，剩餘維持原來入射方向的量稱之為直射分量（direct component）。被散射到各方向的稱之為漫射（diffuse）。在分析輻射傳送方程時，常分別討論直射與漫射，最後輻射傳送方程會被簡化為只剩下漫射分量，其過程如下所述。首先，

$$I_v = I_v^D + I_v^S \qquad （漫射＋直射） \qquad （3\text{-}39）$$

其中直射項I_v^S未包含被散射出後又被散射回原方向的量和大氣本身所發射出的量，而是包含在I_v^D漫射項中。所以直射項將滿足：

$$\mu \frac{dI_v^S(\tau_v, \mu, \phi)}{d\tau_v} = I_v^S(\tau_v, \mu, \phi) \qquad （3\text{-}40）$$

假設太陽光的入射方向為(θ_0, ϕ_0)，而其邊界條件為：

$$I_v^S(0, -\mu_0, \phi_0) = \pi F_0 \delta(\mu - \mu_0)\delta(\phi - \phi_0)$$

則（3-40）式直射項之解為：

$$I_v^S(\tau_v, -\mu, \phi) = \pi F_0 e^{-\tau_v/\mu_0} \delta(\mu - \mu_0)\delta(\phi - \phi_0) \qquad (3\text{-}41)$$

其中 δ 為狄拉克 δ 函數（Dirac delta function）。以 $\delta(\phi - \phi_0)$ 為例，當 $\phi = \phi_0$ 時，$\delta(\phi - \phi_0) = +\infty$；當 $\phi \neq \phi_0$ 時，$\delta(\phi - \phi_0) = 0$。$-\mu$ 則表示向下傳送方向，在此光譜通量選用錢卓塞卡的定義：

$$\pi F_v(\tau_v) = \int_0^{2\pi}\int_{-1}^{1} \mu I_v(\tau_v, \mu)d\mu\, d\phi \qquad (3\text{-}42)$$

其和本章（3-35）式的定義不同，原因是錢卓塞卡所定義的光譜通量，在許多的討論當中，可將兩邊的 π 參數消去。

接下來將（3-39）式代入（3-18）式可將輻射傳送方程以漫射項及直射項表示為：

$$\mu \frac{dI_v^D(\tau_v, \mu, \phi)}{d\tau_v} + \mu \frac{dI_v^S(\tau_v, \mu, \phi)}{d\tau_v} = I_v^D(\tau_v, \mu, \phi) + I_v^S(\tau_v, \mu, \phi)$$
$$- \frac{\widetilde{\omega}_v}{4\pi}\int_0^{2\pi}\int_{-1}^{1} P(\mu, \phi; \mu', \phi')\big[I_v^D(\tau_v, \mu', \phi') + I_v^S(\tau_v, \mu', \phi')\big]d\mu'd\phi' \qquad (3\text{-}43)$$

由（3-40）式可知，（3-43）式等號左邊第二項和等號右邊第二項可消去，同時可將（3-41）式直射項之解代入（3-43）式的積分項中，並且狄拉克 δ 函數的積分為1，因此積分項中的直射項部分（ I_v^S ）可簡化為：

$$\frac{\widetilde{\omega}_{\nu}}{4\pi}\int_{0}^{2\pi}\int_{-1}^{1}P(\mu,\phi;\mu',\phi')\pi F_{0}e^{-\tau_{\nu}/\mu_{0}}\delta(\mu'-\mu_{0})\delta(\phi'-\phi_{0})d\mu'd\phi' \tag{3-44}$$

$$=\frac{\widetilde{\omega}_{\nu}}{4\pi}\pi F_{0}e^{-\tau_{\nu}/\mu_{0}}P(\mu,\phi;-\mu_{0},\phi_{0})$$

利用（3-44）式改寫（3-43）式之輻射傳送方程，並將上標D省略，則（3-43）式可寫成：

$$\mu\frac{dI_{\nu}(\tau_{\nu},\mu,\phi)}{d\tau_{\nu}}=I_{\nu}(\tau_{\nu},\mu,\phi)-\frac{\widetilde{\omega}_{\nu}}{4\pi}\int_{0}^{2\pi}\int_{-1}^{1}P(\mu,\phi;\mu',\phi')I_{\nu}(\tau_{\nu},\mu',\phi')d\mu'd\phi' \tag{3-45}$$

$$-\frac{\widetilde{\omega}_{\nu}}{4}F_{0}e^{-\tau_{\nu}/\mu_{0}}P(\mu,\phi;-\mu_{0},\phi_{0})$$

（3-45）式即為漫射的輻射傳送方程。其中I_{ν}為漫射的輻射強度。在散射為均向性的情形下，$P(\mu,\phi;\mu',\phi')=1$，則

$$\mu\frac{dI_{\nu}(\tau_{\nu},\mu,\phi)}{d\tau_{\nu}}=I_{\nu}(\tau_{\nu},\mu,\phi)-\frac{\widetilde{\omega}_{\nu}}{4\pi}\int_{0}^{2\pi}\int_{-1}^{1}I_{\nu}(\tau_{\nu},\mu',\phi')d\mu'd\phi' \tag{3-46}$$

$$-\frac{\widetilde{\omega}_{\nu}}{4}F_{0}e^{-\tau_{\nu}/\mu_{0}}P(\mu,\phi;-\mu_{0},\phi_{0})$$

若再假設方位角對稱，則

$$\mu\frac{dI_{\nu}(\tau_{\nu},\mu)}{d\tau_{\nu}}=I_{\nu}(\tau_{\nu},\mu)-\frac{\widetilde{\omega}_{\nu}}{2}\int_{-1}^{1}I_{\nu}(\tau_{\nu},\mu')d\mu' \tag{3-47}$$

$$-\frac{\widetilde{\omega}_{\nu}}{4}F_{0}e^{-\tau_{\nu}/\mu_{0}}P(\mu,-\mu_{0})$$

（3-47）式即為假設散射為均向性，且在方位角對稱情形下的漫射輻射傳送方程。

在（3-45）式中，若僅假設方位角對稱，則可改寫為：

$$\mu \frac{dI_\nu(\tau_\nu, \mu)}{d\tau_\nu} = I_\nu(\tau_\nu, \mu) - \frac{\widetilde{\omega}_\nu}{2} \int_{-1}^{1} P(\mu, \mu') I_\nu(\tau_\nu, \mu') d\mu'$$
$$- \frac{\widetilde{\omega}_\nu}{4} F_0 e^{-\tau_\nu/\mu_0} P(\mu, -\mu_0) \tag{3-48}$$

若以（3-38）式代入（3-48）式，則

$$\mu \frac{dI_\nu(\tau_\nu, \mu)}{d\tau_\nu} = I_\nu(\tau_\nu, \mu) - \frac{\widetilde{\omega}_\nu}{2} \sum_{\ell=0}^{N} \widetilde{\omega}_\ell P_\ell(\mu) \int_{-1}^{1} P_\ell(\mu') I_\nu(\tau_\nu, \mu') d\mu'$$
$$- \frac{\widetilde{\omega}_\nu}{4} F_0 e^{-\tau_\nu/\mu_0} \sum_{\ell=0}^{N} \widetilde{\omega}_\ell P_\ell(\mu) P_\ell(-\mu_0) \tag{3-49}$$

（3-49）式即為在方位角對稱之假設下，利用勒壤得級數展開之漫射輻射傳送方程，常被應用於求取雙流（two-stream）近似解以及艾丁頓（Eddington）近似解的漫射分量，這部分接下來在第五、六章將會有較詳細的介紹。

在本章裡，（3-37）式和（3-48）式這兩個與方位角無關的方程式，其間最主要的差異在於（3-48）式中包含有太陽通量的指數項，（3-37）式則沒有。因此（3-48）式的 I_ν 項僅為漫射的分量，而（3-37）式則同時包含直射和漫射分量。

3.6 輻射強度和通量的形式解

本章將從（3-22）式平行平面大氣的輻射傳送方程

$$\mu \frac{dI_\nu(\tau_\nu, \mu, \phi)}{d\tau_\nu} = I_\nu(\tau_\nu, \mu, \phi) - J_\nu(\tau_\nu, \mu, \phi) \qquad （3\text{-}50）$$

推導出其形式解。此形式解並不是（3-50）式的真正解，它的實際解必須利用較複雜之包含散射部分的數值結果。若將散射部分簡化或在紅外波段內（不考慮散射），這形式解是適用的。但是在一般狀況下，源函數當中亦包含輻射強度項，所以不容易利用 τ_ν 和 μ 的顯函數（explicit function）表示 I_ν。因此，光譜輻射強度形式或通量形式的解析解，可作為理論上之解析及某些基本方法之應用的起始點。

為了計算方便，將解分成二部分，分別為向上分量：

$$\tau_\nu^\uparrow(\tau_\nu, \mu, \phi) \qquad\qquad (0 \le \mu \le 1)$$

及向下分量：

$$\tau_\nu^\downarrow(\tau_\nu, \mu, \phi) \qquad\qquad (-1 \le \mu \le 0)$$

其邊界條件為：

在大氣層頂 $\qquad I_\nu(0, -\mu, \phi) = I_\nu^\downarrow(0, -\mu) \qquad （3\text{-}51）$

在大氣層底 $\qquad I_\nu\left(\tau_\nu^*, \mu, \phi\right) = I_\nu^\uparrow\left(\tau_\nu^*, \mu\right)$ $\qquad$ （3-52）

首先，已知

$$\frac{d}{d\tau_\nu}\left[I_\nu\left(\tau_\nu, \mu, \phi\right)e^{-\tau_\nu/\mu}\right] = \frac{dI_\nu\left(\tau_\nu, \mu, \phi\right)}{d\tau_\nu}e^{-\tau_\nu/\mu} - \frac{1}{\mu}I_\nu\left(\tau_\nu, \mu, \phi\right)e^{-\tau_\nu/\mu} \quad \text{（3-53）}$$

將（3-50）式除以 μ，再乘 $e^{-\tau_\nu/\mu}$，並利用（3-53）式的結果可以得到：

$$\frac{d}{d\tau_\nu}\left[e^{-\tau_\nu/\mu}I_\nu\left(\tau_\nu, \mu, \phi\right)\right] = \left(-e^{-\tau_\nu/\mu}\right)\frac{J_\nu\left(\tau_\nu, \mu, \phi\right)}{\mu} \quad \text{（3-54）}$$

在光程（optical distance）上下限分別為 t_1 和 t_2 的狀況下，對（3-54）式積分得到：

$$e^{-t_2/\mu}I_\nu\left(t_2, \mu, \phi\right) - e^{-t_1/\mu}I_\nu\left(t_1, \mu, \phi\right) = -\int_{t_1}^{t_2} e^{-\tau_\nu'/\mu}J_\nu\left(\tau_\nu', \mu, \phi\right)\frac{d\tau_\nu'}{\mu} \quad \text{（3-55）}$$

令大氣上下邊界的光程分別為 $t_1 = \tau_\nu, t_2 = \tau_\nu^*$（如圖3-5），則在（3-55）式中，$\tau_\nu$ 處的向上輻射分量之解為：

$$I_\nu^\uparrow\left(\tau_\nu, \mu, \phi\right) = I_\nu^\uparrow\left(\tau_\nu^*, \mu, \phi\right)e^{-\left(\tau_\nu^*-\tau_\nu\right)/\mu} + \int_{\tau_\nu}^{\tau_\nu^*} e^{-\left(\tau_\nu'-\tau_\nu\right)/\mu}J_\nu\left(\tau_\nu', \mu, \phi\right)\frac{d\tau_\nu'}{\mu} \quad \text{（3-56）}$$

（3-56）式等號右側第一項表示來自底層的輻射，經過路徑中的削弱，抵達 τ_ν 位置時的強度；而第二項表示在 τ_ν^* 至 τ_ν 層中，所有由 τ_ν' 處之大氣所發射的輻射，經過路徑中的削弱，抵達 τ_ν 位置時的合成輻射強度。

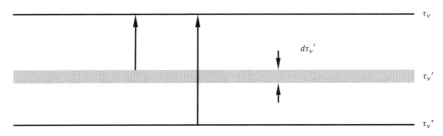

圖3-5 來自光程為τ_ν^*處之表面的輻射，以及光程為τ_ν'處之大氣的輻射，在到達光程為τ_ν處時的向上輻射量（Buglia, 1986）

接著討論進入大氣層頂 $\tau_\nu = 0$ 處的向下輻射抵達 τ_ν 位置（如圖3-6）時的強度。通常對向下輻射來說，μ 為負值，範圍是 $-1 \le \mu \le 0$。此時（3-6）式的上下限分別為 $t_1 = 0, t_2 = \tau_\nu$，則在（3-55）式中，τ_ν 處的向下輻射分量之解為：

$$I_\nu^\downarrow(\tau_\nu, \mu, \phi) = I_\nu^\downarrow(0, \mu, \phi)e^{\tau_\nu/\mu} - \int_0^{\tau_\nu} e^{-(\tau_\nu' - \tau_\nu)/\mu} J_\nu(\tau_\nu', \mu, \phi)\frac{d\tau_\nu'}{\mu} \quad (3\text{-}57)$$

（3-57）式等號右側第一項表示從大氣層頂進來的輻射抵達 τ_ν 時的輻射強度；第二項表示 τ_ν' 處的大氣所發射之輻射抵達 τ_ν 位置時的強度。

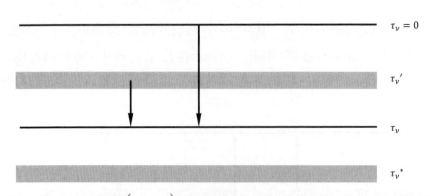

圖3-6 進入大氣層頂$\left(\tau_\nu = 0\right)$的入射輻射，以及來自光程 τ_ν' 處之大氣的輻射，在抵達光程為 τ_ν 處時的向下輻射量（Buglia, 1986）

在（3-56）和（3-57）式中可看到單色輻射隨著光程的增加而呈指數衰減，在（3-57）式中的指數項裡需要負值來表示此一衰減現象。雖然此現象的負值形式隱含在 μ 值當中，但為了使指數衰減現象能在方程式中明顯看出，故將（3-57）式中的 μ 以 $-\mu$ 取代，則（3-57）式可改寫為：

$$I_\nu^\downarrow\left(\tau_\nu, -\mu, \phi\right) = I_\nu^\downarrow\left(0, -\mu, \phi\right)e^{-\tau_\nu/\mu} + \int_0^{\tau_\nu} e^{-(\tau_\nu - \tau_\nu')/\mu} J_\nu\left(\tau_\nu', -\mu, \phi\right)\frac{d\tau_\nu'}{\mu} \quad (3\text{-}58)$$

（3-58）式即為輻射強度的向下分量表示式。

接著討論向上及向下輻射通量的表示式。從第三章的（3-35）式可知，輻射通量方程為：

$$F_\nu\left(\tau_\nu\right) = \int_0^{2\pi} \int_{-1}^{1} \mu I_\nu\left(\tau_\nu, \mu, \phi\right) d\mu\, d\phi \quad （3\text{-}59）$$

將此方程式以向下及向上分量表示，則可改寫成：

$$F_\nu(\tau_\nu) = \int_0^{2\pi}\left[\int_{-1}^0 \mu I_\nu^{\downarrow}(\tau_\nu,\mu,\phi)d\mu + \int_0^1 \mu I_\nu^{\uparrow}(\tau_\nu,\mu,\phi)d\mu\right]d\phi \qquad (3\text{-}60)$$

在此必須注意，若事先註明 $-1 \le \mu \le +1$ ，則（3-60）式可表示為：

$$F_\nu(\tau_\nu) = F_\nu^{\uparrow}(\tau_\nu) + F_\nu^{\downarrow}(\tau_\nu) \qquad (3\text{-}61)$$

其中

$$F_\nu^{\uparrow}(\tau_\nu) = \int_0^{2\pi}\int_0^1 \mu I_\nu^{\uparrow}(\tau_\nu,\mu,\phi)d\mu\,d\phi \qquad (3\text{-}62)$$

$$F_\nu^{\downarrow}(\tau_\nu) = \int_0^{2\pi}\int_{-1}^0 \mu I_\nu^{\downarrow}(\tau_\nu,\mu,\phi)d\mu\,d\phi \qquad (3\text{-}63)$$

但是當 $0 \le \mu \le +1$ 時，也就是向下分量中以 $-\mu$ 取代 μ ，則（3-60）式可表示為：

$$\begin{aligned}F_\nu(\tau_\nu) &= \int_0^{2\pi}\int_0^1 \mu I_\nu^{\uparrow}(\tau_\nu,\mu,\phi)d\mu\,d\phi - \int_0^{2\pi}\int_0^1 \mu I_\nu^{\downarrow}(\tau_\nu,-\mu,\phi)d\mu\,d\phi\\ &= F_\nu^{\uparrow}(\tau_\nu) - F_\nu^{\downarrow}(\tau_\nu)\end{aligned} \qquad (3\text{-}64)$$

其中

$$F_\nu^\uparrow(\tau_\nu) = \int_0^{2\pi} \int_0^1 \mu I_\nu^\uparrow(\tau_\nu, \mu, \phi) \, d\mu \, d\phi \qquad (3\text{-}65)$$

$$F_\nu^\downarrow(\tau_\nu) = \int_0^{2\pi} \int_0^1 \mu I_\nu^\downarrow(\tau_\nu, -\mu, \phi) \, d\mu \, d\phi \qquad (3\text{-}66)$$

從（3-61）和（3-64）式中可看出，$F_\nu^\uparrow$ 分量的表示法相同，但是 $F_\nu^\downarrow$ 分量的表示方式則不同，所以在推算輻射通量的過程必須注意這符號的差異性。接下來將先推算 $F_\nu^\uparrow$ 分量，再推算 $F_\nu^\downarrow$ 分量。

將（3-56）式代入（3-62）式，得向上輻射通量分量為：

$$\begin{aligned}
F_\nu^\uparrow(\tau_\nu) &= \int_0^{2\pi} \int_0^1 \mu I_\nu^\uparrow(\tau_\nu^*, \mu, \phi) e^{-(\tau_\nu^* - \tau_\nu)/\mu} \, d\mu \, d\phi \\
&+ \int_0^{2\pi} \int_0^1 \mu \int_{\tau_\nu}^{\tau_\nu^*} e^{-(\tau_\nu' - \tau_\nu)/\mu} J_\nu(\tau_\nu', \mu, \phi) \frac{d\tau_\nu'}{\mu} \, d\mu \, d\phi
\end{aligned} \qquad (3\text{-}67)$$

（3-67）式中等號右側第一項為來自下層邊界在抵達 τ_ν 位置時的向上通量貢獻量，而第二項表示在 τ_ν^* 至 τ_ν 的大氣間各層對向上通量的合成貢獻量。在這裡可假設相位函數是均向性，則不須知道輻射或源函數的方向分布即可獲得（3-67）式的解析解（analytical solution）。故本章將採用這樣的假設條件，來探討散射問題的形式解。

根據以上假設，（3-67）式可寫成：

$$F_\nu^\uparrow(\tau_\nu) = 2\pi I_\nu^\uparrow(\tau_\nu^*) \int_0^1 e^{-(\tau_\nu^* - \tau_\nu)/\mu} \mu \, d\mu + 2\pi \int_{\tau_\nu}^{\tau_\nu^*} J_\nu(\tau_\nu') d\tau_\nu' \int_0^1 e^{-(\tau_\nu' - \tau_\nu)/\mu} d\mu \quad (3\text{-}68)$$

由於（3-68）式中的積分項為 μ 的指數積分（exponential integrate）形式，因此由指數積分之定義：

$$E_n(x) \equiv \int_1^\infty \frac{e^{-xt}}{t^n} \, dt \qquad （3-69）$$

並假設

$$\mu = \frac{1}{\xi} \qquad\qquad d\mu = -\frac{d\xi}{\xi^2}$$

則（3-68）式第一項中的積分可寫為：

$$
\begin{aligned}
\int_0^1 \mu \, e^{-(\tau_v^* - \tau_v)/\mu} \, d\mu &= -\int_\infty^1 \frac{1}{\xi} e^{-(\tau_v^* - \tau_v)\xi} \frac{d\xi}{\xi^2} \\
&= \int_1^\infty \frac{e^{-(\tau_v^* - \tau_v)\xi}}{\xi^3} \, d\xi \qquad （3-70）\\
&= E_3(\tau_v^* - \tau_v)
\end{aligned}
$$

第二項中對 μ 的積分則可寫為：

$$
\begin{aligned}
\int_0^1 e^{-(\tau_v' - \tau_v)/\mu} \, d\mu &= -\int_\infty^1 e^{-(\tau_v' - \tau_v)\xi} \frac{d\xi}{\xi^2} \\
&= \int_1^\infty \frac{e^{-(\tau_v' - \tau_v)\xi}}{\xi^2} \, d\xi \qquad （3-71）\\
&= E_2(\tau_v' - \tau_v)
\end{aligned}
$$

所以（3-68）式可寫為：

$$F_v^\uparrow(\tau_v) = 2\pi I_v^\uparrow(\tau_v^*) E_3(\tau_v^* - \tau_v) + 2\pi \int_{\tau_v}^{\tau_v^*} E_2(\tau_v' - \tau_v) J_v(\tau_v') d\tau_v' \quad （3\text{-}72）$$

此方程式可以用另一種較簡單的形式表示，首先由（3-69）式可得到：

$$\frac{dE_n(x)}{dx} = \int_1^\infty -t \frac{e^{-xt}}{t^n} dt = -\int_1^\infty \frac{e^{-xt}}{t^{n-1}} dt = -E_{n-1}(x) \quad （3\text{-}73）$$

所以

$$\frac{dE_3(\tau_v' - \tau_v)}{d\tau_v'} = \left[\frac{dE_3(\tau_v' - \tau_v)}{d(\tau_v' - \tau_v)} \right]\left[\frac{d(\tau_v' - \tau_v)}{d\tau_v'} \right] = -E_2(\tau_v' - \tau_v)$$

故（3-72）式中的 E_2 可以用 E_3 代替，（3-72）式可改寫為：

$$F_v^\uparrow(\tau_v) = 2\pi I_v^\uparrow(\tau_v^*) E_3(\tau_v^* - \tau_v) - 2\pi \int_{\tau_v}^{\tau_v^*} J_v(\tau_v') \frac{dE_3(\tau_v' - \tau_v)}{d\tau_v'} d\tau_v' \quad （3\text{-}74）$$

利用部分積分法，（3-74）式可寫成：

$$F_v^\uparrow(\tau_v) = 2\pi E_3(\tau_v^* - \tau_v)\left[I_v^\uparrow(\tau_v^*) - J_v(\tau_v^*) \right] + \pi J_v(\tau_v)$$
$$+ 2\pi \int_{\tau_v}^{\tau_v^*} E_3(\tau_v' - \tau_v) \frac{dJ_v(\tau_v')}{d\tau_v'} d\tau_v' \quad （3\text{-}75）$$

另外，我們知道球面透射函數（spherical transmission function）可以表示為：

$$\bar{t} = 2\int_0^1 \mu_0 t(\mu_0) d\mu_0 \qquad （3\text{-}76）$$

由（3-70）式可以知道，對於直射項來說，球面透射函數可表示為：

$$\bar{t}_0 = 2\int_0^1 \mu_0 e^{-\tau^*/\mu_0} d\mu_0 = 2E_3(\tau^*) \qquad （3\text{-}77）$$

因此可以得到單色透射函數（monochromatic transmission function）與 $2E_3$ 之關係式如下：

$$\begin{aligned}\widetilde{T}_r(\tau_\nu^* - \tau_\nu) &= 2\int_0^1 \mu_0 e^{-(\tau_\nu^* - \tau_\nu)/\mu_0} d\mu_0 \\ &= 2E_3(\tau_\nu^* - \tau_\nu)\end{aligned} \qquad （3\text{-}78）$$

由（3-78）式可知，$2E_3$ 為單色透射函數對角度的積分結果。因此（3-75）式向上輻射通量可以用透射函數表示為：

$$\begin{aligned}F_\nu^\uparrow(\tau_\nu) &= \pi\widetilde{T}_r(\tau_\nu^* - \tau_\nu)\left[I_\nu^\uparrow(\tau_\nu^*) - J_\nu(\tau_\nu^*)\right] + \pi J_\nu(\tau_\nu) \\ &\quad + \pi\int_{\tau_\nu}^{\tau_\nu^*} \widetilde{T}_r(\tau_\nu' - \tau_\nu)\frac{dJ_\nu(\tau_\nu')}{d\tau_\nu'}d\tau_\nu'\end{aligned} \qquad （3\text{-}79）$$

其中 $\pi I_\nu^\uparrow(\tau_\nu^*)$ 表示在 $\tau_\nu = \tau_\nu^*$ 處的向上輻射通量。$\pi J_\nu(\tau_\nu^*)$ 表示來自於緊鄰 $\tau_\nu = \tau_\nu^*$ 表面上方的大氣之源通量（source flux），因為輻射源只有

$I_\nu^\uparrow(\tau_\nu^*)$，所以這時的源通量表示輻射源（radiation source）因散射而減少的量。$\pi J_\nu(\tau_\nu)$ 則代表在 τ_ν 這層大氣對向上輻射通量的貢獻。$\pi\int_{\tau_\nu}^{\tau_\nu^*}\tilde{T}_r(\tau_\nu'-\tau_\nu)\dfrac{dJ_\nu(\tau_\nu')}{d\tau_\nu'}d\tau_\nu'$ 表示在 τ_ν^* 與 τ_ν 間各層大氣對向上輻射通量的貢獻。

接著討論向下輻射通量，將依據不同的入射輻射角度（$-1\leq\mu\leq0$ 及 $0\leq\mu\leq1$）表示方式來探討。首先討論 $-1\leq\mu\leq0$ 時向下輻射通量的表示形式，將（3-57）式代入（3-63）式可得：

$$F_\nu^\downarrow(\tau_\nu)=\int_0^{2\pi}\int_{-1}^0\mu\left[I_\nu^\downarrow(0,\mu,\phi)e^{\tau_\nu/\mu}-\int_0^{\tau_\nu}e^{-(\tau_\nu'-\tau_\nu)/\mu}J_\nu(\tau_\nu',\mu,\phi)\frac{d\tau_\nu'}{\mu}\right]d\mu\,d\phi \quad (3\text{-}80)$$

假設 I_ν 和 J_ν 為均向性，則上式可表示為：

$$F_\nu^\downarrow(\tau_\nu)=2\pi I_\nu^\downarrow(0)\int_{-1}^0\mu\,e^{\tau_\nu/\mu}d\mu-2\pi\int_0^{\tau_\nu}J_\nu(\tau_\nu')d\tau_\nu'\int_1^0 e^{-(\tau_\nu'-\tau_\nu)/\mu}d\mu \quad (3\text{-}81)$$

假設

$$\mu=-\frac{1}{\xi}\qquad\qquad d\mu=\frac{d\xi}{\xi^2}$$

則（3-81）式第一項中的積分可寫成：

$$\int_{-1}^0\mu\,e^{\tau_\nu/\mu}d\mu=\int_1^\infty\left(-\frac{1}{\xi}\right)e^{-\tau_\nu\xi}\frac{d\xi}{\xi^2}=-\int_1^\infty\frac{e^{-\tau_\nu\xi}}{\xi^3}d\xi=-E_3(\tau_\nu)$$

第二項中對 μ 的積分則可寫為：

$$\int_{-1}^{0} e^{-(\tau'_\nu - \tau_\nu)/\mu} d\mu = \int_{1}^{\infty} e^{(\tau'_\nu - \tau_\nu)\xi} \frac{d\xi}{\varsigma^2} = \int_{1}^{\infty} \frac{e^{-(\tau_\nu - \tau'_\nu)\xi}}{\xi^2} d\xi = E_2(\tau_\nu - \tau'_\nu)$$

所以（3-81）式可寫為：

$$F_\nu^\downarrow(\tau_\nu) = -2\pi I_\nu^\downarrow(0) E_3(\tau_\nu) - 2\pi \int_0^{\tau_\nu} E_2(\tau_\nu - \tau'_\nu) J_\nu(\tau'_\nu) d\tau'_\nu \qquad （3\text{-}82）$$

同樣的，E_3 可以用以下的關係式代替 E_2：

$$\frac{dE_3(\tau_\nu - \tau'_\nu)}{d\tau'_\nu} = \left[\frac{dE_3(\tau_\nu - \tau'_\nu)}{d(\tau_\nu - \tau'_\nu)} \right]\left[\frac{d(\tau_\nu - \tau'_\nu)}{d\tau'_\nu} \right] = E_2(\tau_\nu - \tau'_\nu)$$

因此（3-82）式可寫成：

$$F_\nu^\downarrow(\tau_\nu) = -2\pi I_\nu^\downarrow(0) E_3(\tau_\nu) - 2\pi \int_0^{\tau_\nu} J_\nu(\tau'_\nu) \frac{dE_3(\tau_\nu - \tau'_\nu)}{d\tau'_\nu} d\tau'_\nu \qquad （3\text{-}83）$$

利用部分積分法，（3-83）式可表示為：

$$\begin{aligned} F_\nu^\downarrow(\tau_\nu) = &-2\pi I_\nu^\downarrow(0) E_3(\tau_\nu) - \pi J_\nu(\tau_\nu) + 2\pi J_\nu(0) E_3(\tau_\nu) \\ &+ 2\pi \int_0^{\tau_\nu} E_3(\tau_\nu - \tau'_\nu) \frac{dJ_\nu(\tau'_\nu)}{d\tau'_\nu} d\tau'_\nu \end{aligned} \qquad （3\text{-}84）$$

若以透射函數表示則為：

$$F_\nu^\downarrow(\tau_\nu) = -\pi\widetilde{T}_r(\tau_\nu)\left[I_\nu^\downarrow(0) - J_\nu(0)\right] - \pi J_\nu(\tau_\nu)$$
$$+ \pi\int_0^{\tau_\nu} \widetilde{T}_r(\tau_\nu - \tau_\nu')\frac{dJ_\nu(\tau_\nu')}{d(\tau_\nu')}d\tau_\nu' \qquad (3\text{-}85)$$

（3-85）式等號右側第一項表示在大氣層頂的向下輻射通量減去來自於緊鄰 $\tau_\nu = 0$ 表面下方的大氣之源通量（source flux）。因為輻射源只有 $I_\nu^\downarrow(0)$，所以這時的源通量表示輻射源因散射而減少的量。第二項表示在 τ_ν 這層大氣對向下輻射通量的貢獻量。第三項表示在大氣層頂到 τ_ν 間的各層大氣的源函數對向下輻射通量的貢獻量。

接著討論在 $0 \le \mu \le 1$ 時，向下輻射通量的表示形式。將（3-58）式代入（3-66）式，並假設 I_ν 和 J_ν 具均向性，則向下輻射通量為：

$$F_\nu^\downarrow(\tau_\nu) = 2\pi I_\nu^\downarrow(0)\int_0^1 \mu e^{-\tau_\nu/\mu}d\mu + 2\pi\int_0^{\tau_\nu} J_\nu(\tau_\nu')d\tau_\nu'\int_0^1 e^{-(\tau_\nu-\tau_\nu')/\mu}d\mu \qquad (3\text{-}86)$$

同樣假設

$$\mu = -\frac{1}{\xi} \qquad\qquad d\mu = \frac{d\xi}{\xi^2}$$

則（3-86）式第一項中的積分可寫成：

$$\int_0^1 \mu e^{-\tau_\nu/\mu}d\mu = E_3(\tau_\nu)$$

第二項中對 μ 的積分則可寫為：

$$\int_0^1 e^{-(\tau_\nu - \tau'_\nu)/\mu} d\mu = E_2(\tau_\nu - \tau'_\nu)$$

則（3-86）式可表示為：

$$F_\nu^{\downarrow}(\tau_\nu) = 2\pi I_\nu^{\downarrow}(0) E_3(\tau_\nu) + 2\pi \int_0^{\tau_\nu} J_\nu(\tau'_\nu) \frac{dE_3(\tau_\nu - \tau'_\nu)}{d\tau'_\nu} d\tau'_\nu \qquad （3-87）$$

利用部分積分法，上式可寫為：

$$F_\nu^{\downarrow}(\tau_\nu) = 2\pi E_3(\tau_\nu)\left[I_\nu^{\downarrow}(0) - J_\nu(0)\right] + \pi J_\nu(\tau_\nu)$$
$$- 2\pi \int_0^{\tau_\nu} E_3(\tau_\nu - \tau'_\nu) \frac{dJ_\nu(\tau'_\nu)}{d\tau'_\nu} d\tau'_\nu \qquad （3-88）$$

若以透射函數表示則為：

$$F_\nu^{\downarrow}(\tau_\nu) = \pi \widetilde{T}_r(\tau_\nu)\left[I_\nu^{\downarrow}(0) - J_\nu(0)\right] + \pi J_\nu(\tau_\nu)$$
$$- \pi \int_0^{\tau_\nu} \widetilde{T}_r(\tau_\nu - \tau'_\nu) \frac{dJ_\nu(\tau'_\nu)}{d\tau'_\nu} d\tau'_\nu \qquad （3-89）$$

上式即為在 $0 \leq \mu \leq 1$ 時，向下光譜通量的表示形式。

接著討論淨光譜通量（net spectral flux）。在 $-1 \leq \mu \leq 1$ 時，將（3-79）式及（3-85）式代入（3-61）式中，得淨光譜通量為：

$$F_\nu(\tau_\nu) = \pi \widetilde{T}_r(\tau^*_\nu - \tau_\nu)\left[I^\uparrow_\nu(\tau^*_\nu) - J_\nu(\tau^*_\nu)\right] - \pi \widetilde{T}_r(\tau_\nu)\left[I^\downarrow_\nu(0) - J_\nu(0)\right]$$
$$+ \pi \int_0^{\tau_\nu} \widetilde{T}_r(\tau_\nu - \tau'_\nu)\frac{dJ_\nu(\tau'_\nu)}{d\tau'_\nu}d\tau'_\nu + \pi \int_{\tau_\nu}^{\tau^*_\nu} \widetilde{T}_r(\tau'_\nu - \tau_\nu)\frac{dJ_\nu(\tau'_\nu)}{d\tau'_\nu}d\tau'_\nu \qquad (3\text{-}90)$$

因為在均勻的大氣中，透射率雙向是相同的，所以 $\widetilde{T}_r(\tau_\nu - \tau'_\nu) = \widetilde{T}_r(\tau'_\nu - \tau_\nu)$，則上式可表示為：

$$F_\nu(\tau_\nu) = \pi \widetilde{T}_r(\tau^*_\nu - \tau_\nu)\left[I^\uparrow_\nu(\tau^*_\nu) - J_\nu(\tau^*_\nu)\right] - \pi \widetilde{T}_r(\tau_\nu)\left[I^\downarrow_\nu(0) - J_\nu(0)\right]$$
$$+ \pi \int_0^{\tau^*_\nu} \widetilde{T}_r(\tau_\nu - \tau'_\nu)\frac{dJ_\nu(\tau'_\nu)}{d\tau'_\nu}d\tau'_\nu \qquad (3\text{-}91)$$

當 $0 \le \mu \le 1$ 時，將（3-79）及（3-89）式代入（3-64）式，可得淨光譜通量為：

$$F_\nu(\tau_\nu) = \pi \widetilde{T}_r(\tau^*_\nu - \tau_\nu)\left[I^\uparrow_\nu(\tau^*_\nu) - J_\nu(\tau^*_\nu)\right] - \pi \widetilde{T}_r(\tau_\nu)\left[I^\downarrow_\nu(0) - J_\nu(0)\right]$$
$$+ \pi \int_0^{\tau_\nu} \widetilde{T}_r(\tau_\nu - \tau'_\nu)\frac{dJ_\nu(\tau'_\nu)}{d\tau'_\nu}d\tau'_\nu + \pi \int_{\tau_\nu}^{\tau^*_\nu} \widetilde{T}_r(\tau'_\nu - \tau_\nu)\frac{dJ_\nu(\tau'_\nu)}{d\tau'_\nu}d\tau'_\nu \qquad (3\text{-}92)$$

　　由以上可知，在計算淨光譜通量時，需要注意向下光譜通量中 μ 值的正負符號，當 $-1 \le \mu \le 0$ 時，應該利用（3-61）式計算淨光譜通量；而當 $0 \le \mu \le 1$ 時，則需利用（3-64）式計算淨光譜通量。最後由（3-92）與（3-90）式則可發現兩種計算方法所得到之淨光譜通量結果是相同的。另外，本章所推導出之淨光譜通量方程，後續可作為大氣溫度結構研究的起始點。

第四章 反射和透射係數，地表效應和反照率

　　在許多輻射傳送理論的應用中，如在計算一層平行平面大氣的反射和透射等輻射參數時，所感興趣的並不是這層大氣內部輻射的傳送情形，而是進出整層之總輻射參數。為了簡化由輻射場中求取這些資料的過程，阿姆巴楚米揚（Ambartsumyan）在1958年提出不變性原理（principle of invariance），錢卓塞卡（Chandrasekhar）在1960年又將此原理加以改善。細節部分在第八章將有詳盡的介紹，本章僅大概敘述其作用及重要觀念。

　　假設兩個薄層的反射率和透射率為已知，則藉由不變性原理可得到此兩層光學介質合成後的反射率和透射率。這在研究輻射傳送的領域中是一重大的突破，因為原本非常複雜的不均勻層光學介質，可先將其分割為許多均勻的薄層，再應用不變性原理逐一合成，便可求得非常複雜的不均勻層之輻射參數。因此不變性原理對於輻射傳送之研究有極大的貢獻，尤其是在處理非均勻的大氣時。至於單層輻射傳送方程之求解在第五章中將會介紹。本章將由反射和透射函數開始討論。

4.1 錢卓塞卡漫射輻射

　　錢卓塞卡定義之漫反射輻射（reflected diffuse radiation）為：

$$I_{REF}(0,\mu,\phi)=\frac{1}{4\pi\mu}\int_0^{2\pi}\int_0^1 S(\tau^*:\mu,\phi,\mu',\phi')I_{INC}(\mu',\phi')d\mu'\,d\phi' \quad (4\text{-}1)$$

漫透射輻射（transmitted diffuse radiation）為：

$$I_{TRANS}(\tau^*,-\mu,\phi)=\frac{1}{4\pi\mu}\int_0^{2\pi}\int_0^1 \widetilde{T}(\tau^*:\mu,\phi,\mu',\phi')I_{INC}(\mu',\phi')d\mu'\,d\phi' \quad (4\text{-}2)$$

其中 I_{INC} 為大氣層頂入射的輻射強度，而 S 和 $\widetilde{T}$ 分別為錢卓塞卡所定義之散射和透射函數。由錢卓塞卡所提出的 S 和 $\widetilde{T}$ 在運算的過程中，常伴隨 $1/\mu$ 的參數，可推導出 S 和 $\widetilde{T}$ 在 (μ,ϕ) 和 (μ_0,ϕ_0) 方向為對稱。就像亥姆霍茲（Helmholtz）的互反定理（reciprocity theorem）所述，當入射和發射的方向互相交換時，散射和透射函數是不會改變的。即

$$S(\tau^*:\mu,\phi,\mu_0,\phi_0)=S(\tau^*:\mu_0,\phi_0,\mu,\phi)$$

$$\widetilde{T}(\tau^*:\mu,\phi,\mu_0,\phi_0)=\widetilde{T}(\tau^*:\mu_0,\phi_0,\mu,\phi)$$

若入射光源為太陽平行輻射，則由（3-41）式可知：

$$I_{INC}(\mu',\phi')=\pi F_0\delta(\mu'-\mu_0)\delta(\phi'-\phi_0) \qquad (4\text{-}3)$$

其中 πF_0 為太陽通量，δ 為狄拉克 δ 函數。將（4-3）式分別代入（4-1）及（4-2）式可得到漫反射輻射及漫透射輻射分別為：

$$I_{REF}\left(0,\mu,\phi\right)=\frac{F_0}{4\mu}S\left(\tau^*:\mu,\phi,\mu_0,\phi_0\right) \qquad (4\text{-}4)$$

$$I_{TRANS}\left(\tau^*,-\mu,\phi\right)=\frac{F_0}{4\mu}\widetilde{T}\left(\tau^*:\mu,\phi,\mu_0,\phi_0\right) \qquad (4\text{-}5)$$

（4-4）式僅考慮大氣的反射，並未包含地表為邊界的效應；而（4-5）式為漫透射分量，不包含直射透射分量 $\pi F_0 e^{-\tau^*/\mu_0}$。

4.2 廖氏漫射輻射

接下來將討論另一種常見的定義，廖（Liou, 1980）在此定義中漫反射輻射為：

$$I_{REF}\left(0,\mu,\phi\right)=\frac{1}{\pi}\int_0^{2\pi}\int_0^1 R\left(\mu,\phi:\mu',\phi'\right)I_{INC}\left(-\mu',\phi'\right)\mu'd\mu'd\phi' \qquad (4\text{-}6)$$

漫透射輻射為：

$$I_{TRANS}\left(\tau^*,-\mu,\phi\right)=\frac{1}{\pi}\int_0^{2\pi}\int_0^1 T\left(\mu,\phi:\mu',\phi'\right)I_{INC}\left(-\mu',\phi'\right)\mu'd\mu'd\phi' \qquad (4\text{-}7)$$

其中 R 及 T 分別為散射及透射函數，積分項則可視為光譜通量，所以如（2-15）式所示，乘上 $1/\pi$ 後可將輻射通量轉換成等號左邊的輻射強度。

若將（4-3）式代入（4-6）、（4-7）式，可得到漫反射輻射及漫透射輻射分別為：

$$I_{REF}(0,\mu,\phi) = \mu_0 F_0 R(\mu,\phi:\mu_0,\phi_0) \qquad (4\text{-}8)$$

$$I_{TRANS}(\tau^*,-\mu,\phi) = \mu_0 F_0 T(\mu,\phi:\mu_0,\phi_0) \qquad (4\text{-}9)$$

比較（4-4）、（4-5）式和（4-8）、（4-9）式，可得到相對應的係數轉換式如下：

$$R = \frac{S}{4\mu_0\mu} \qquad (4\text{-}10)$$

$$T = \frac{\widetilde{T}}{4\mu_0\mu} \qquad (4\text{-}11)$$

前述兩種反射和透射函數之定義，可依情況選擇較適用者。從通量的觀點而言，R 和 T 較常被使用，而反照率（albedo）也常由通量的觀點來定義。最後由（4-6）式及（4-7）式則可得到漫反射通量（diffusely reflected flux）為：

$$F_{REF}(0,\mu,\phi) = \int_0^{2\pi}\int_0^1 R(\mu,\phi:\mu',\phi')I_{INC}(-\mu',\phi')\mu'\,d\mu'\,d\phi' \qquad (4\text{-}12)$$

漫透射通量（diffusely transmitted flux）則為：

$$F_{TRANS}\left(\tau^*, -\mu, \phi\right) = \int_0^{2\pi} \int_0^1 T\left(\mu, \phi : \mu', \phi'\right) I_{INC}\left(-\mu', \phi'\right) \mu' \, d\mu' \, d\phi' \qquad （4-13）$$

　　行星反照率（planetary albedo）定義為向各個方向射出大氣層頂的總光譜通量和由（μ_0, ϕ_0）方向射入大氣層之總光譜通量的比值。入射之總光譜通量可表示為：

$$F_{INC} = \int_0^{2\pi} \int_0^1 I_{INC}\left(-\mu', \phi'\right) \mu' d\mu' d\phi' \qquad （4-14）$$

對於太陽平行輻射而言，將（4-3）式代入上式，積分後可得到入射總光譜通量為：

$$F_{INC} = \pi F_0 \mu_0 \qquad （4-15）$$

將Liou所定義之漫反射輻射強度（（4-8）式），對 μ 及 ϕ 積分可求得向各個方向射出之總光譜通量為：

$$\begin{aligned} F_{REF} &= \int_0^{2\pi} \int_0^1 \mu I_{REF}\left(0, \mu, \phi\right) d\mu \, d\phi \\ &= \mu_0 F_0 \int_0^{2\pi} \int_0^1 \mu R\left(\mu, \phi : \mu_0, \phi_0\right) d\mu \, d\phi \end{aligned} \qquad （4-16）$$

由（4-15）及（4-16）式可求得行星反照率如下：

$$r\left(\mu_0\right) = \frac{F_{REF}}{F_{INC}} = \frac{1}{\pi} \int_0^{2\pi} \int_0^1 R\left(\mu, \phi : \mu_0, \phi_0\right) \mu \, d\mu \, d\phi \qquad （4-17）$$

上式通常用來計算地球反射太陽的輻射能量。

同樣地，漫透射函數亦可求得如下：

$$t(\mu_0) = \frac{F_{TRANS}(\tau^*, -\mu, \phi)}{F_{INC}} = \frac{1}{\pi} \int_0^{2\pi} \int_0^1 T(\mu, \phi : \mu_0, \phi_0) \mu \, d\mu \, d\phi \qquad (4\text{-}18)$$

上式僅描述漫透射函數，不包含直射透射函數 $e^{-\tau^*/\mu_0}$ 。

若在方位角對稱的情形下，(4-17) 式之行星反照率及 (4-18) 式之漫透射函數可簡化為：

$$r(\mu_0) = 2\int_0^1 R(\mu, \mu_0) \mu \, d\mu \qquad (4\text{-}19)$$

$$t(\mu_0) = 2\int_0^1 T(\mu, \mu_0) \mu \, d\mu \qquad (4\text{-}20)$$

球面反照率（spherical albedo）定義為對行星的大氣而言，各方向的反射總通量和各方向入射總通量的比值，亦即將行星反照率對半球的面積積分。假設一半徑為 a 之行星，則其所受之入射總通量為：

$$(\pi F_0)(\pi a^2) \qquad (4\text{-}21)$$

至於球面的反射通量計算，首先考慮圖4-1中單位環形之面積 dA：

$$a' = \sin\theta_0, \quad da' = ad\theta_0$$

$$dA = 2\pi a \sin \theta_0 \cdot a d\theta_0$$

$$dA = 2\pi a^2 \sin \theta_0 d\theta_0$$

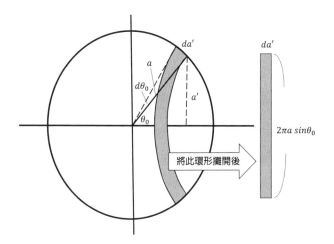

圖 4-1 計算球面反照率時的幾何圖形

在圖4-1中，與入射通量垂直之單位面積則為：

$$dA \cos \theta_0 = 2\pi a^2 \sin \theta_0 \cos \theta_0 d\theta_0$$

以 $\mu_0 = \cos \theta_0$ 替代則可得：

$$\mu_0 dA = -2\pi a^2 \mu_0 d\mu_0$$

所以由單位面積 dA 所反射的總通量可表示為：

$$\left(-2\pi a^2 \mu_0\, d\mu_0\right)\left[\pi F_0 r(\mu_0)\right]$$

整個球面的總反射通量則為：

$$
\begin{aligned}
F_{REF} &= \left(-2\pi a^2\right)\pi F_0 \int_1^0 \mu_0 r(\mu_0)\,d\mu_0 \\
&= \left(2\pi a^2\right)\pi F_0 \int_0^1 \mu_0 r(\mu_0)\,d\mu_0
\end{aligned}
\tag{4-22}
$$

由（4-21）式及（4-22）式便可求得球面反照率 $\bar{r}$ ：

$$
\begin{aligned}
\bar{r} &= \frac{\left(2\pi a^2\right)\pi F_0 \int_0^1 \mu_0 r(\mu_0)\,d\mu_0}{\pi a^2 \cdot \pi F_0} \\
&= 2\int_0^1 \mu_0 r(\mu_0)\,d\mu_0
\end{aligned}
\tag{4-23}
$$

同樣地，球面透射函數亦可求得：

$$\bar{t} = 2\int_0^1 \mu_0 t(\mu_0)\,d\mu_0 \tag{4-24}$$

（4-24）式代表球面透射函數的漫透射分量，其中 $t(\mu_0)$ 為漫透射函數，而直射分量為：

$$\bar{t}_0 = 2\int_0^1 \mu_0 e^{-\tau^*/\mu_0}\,d\mu_0 = 2E_3\left(\tau^*\right) \tag{4-25}$$

其中 E_3 則與直射透射函數有關。

4.3 考量地表效應之漫射輻射

至目前為止，前述討論僅止於大氣範圍，並未考慮地表的影響。事實上大氣的底層邊界為地表，因此在真實應用上需考慮地表的效應。故Tanré在1982年提出一近似的觀念，先單獨考慮大氣的部分，最後再加入地表的影響。

首先假設大氣的光程為 τ^*，其底層邊界為一藍伯面（Lambertian surface）的地表，即任一方向的反射率 ρ_S 均相同，且地表任一地區所入射的通量皆相同。大氣層頂之太陽通量為 πF_0，入射角度為 μ_0 和 ϕ_0，則到達地表單位面積的總通量可分為三個分量（見圖4-2）：

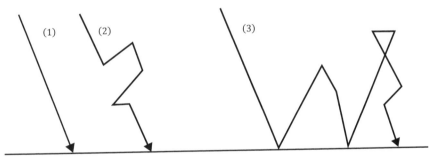

圖 4-2 太陽通量到達地表的三種形式（**Buglia, 1986**）

1. 直射分量——經過大氣衰減之後的入射太陽通量

$$\pi \mu_0 F_0 e^{-\tau^*/\mu_0} \qquad (4\text{-}26)$$

2. 經多重散射的漫透射分量（參見4-18）

$$\pi\mu_0 F_0 t(-\mu_0)\qquad\qquad(4\text{-}27)$$

其中 $t(-\mu_0)$ 表漫透射函數，$-\mu_0$ 表示方向為向下。

3. 經大氣與地表多次散射與反射後到達地表之漫射分量

　　首先討論在經過地表反射前，到達地表的總通量，這部分為直射及漫射分量的總合，即（4-26）式與（4-27）式之和：

$$\pi\mu_0 F_0 T_r(-\mu_0)\qquad\qquad(4\text{-}28)$$

其中 $T_r(-\mu_0) = t(-\mu_0) + e^{-\tau^*/\mu_0}$ 為直射透射函數與漫透射函數之和。（4-28）式之直射與漫射分量總和，在經過大氣與地表多次散射與反射後到達地表之總通量則為：

$$\pi\mu_0 F_0 T_r(-\mu_0)[\rho_S\bar{r} + \rho_S^2\bar{r}^2 + \rho_S^3\bar{r}^3 + \cdots]\qquad(4\text{-}29)$$

其中 $\bar{r}$ 為大氣的球面反照率。

　　經過多次散射及反射之後，到達地表的總通量即為（4-28）及（4-29）式之總和：

$$
\begin{aligned}
F_T(\mu_0) &= \pi\mu_0 F_0 T_r(-\mu_0)\left[1 + \rho_S\bar{r} + \rho_S^2\bar{r}^2 + \rho_S^3\bar{r}^3 + \cdots\right]\\
&= \frac{\pi\mu_0 F_0 T_r(-\mu_0)}{1 - \rho_S\bar{r}}
\end{aligned}
\qquad(4\text{-}30)
$$

其中 $\rho_S \bar{r} < 1$。因為地表假設為藍伯面，所以到達地表之總通量經過地表的反射後，可表示為：

$$F_{REF}(\mu_0) = \rho_S F_T(\mu_0) = \frac{\pi \mu_0 F_0 \rho_S T_r(-\mu_0)}{1 - \rho_S \bar{r}} \qquad （4\text{-}31）$$

接下來考慮以特定方向 $\cos^{-1}\mu$ 離開大氣層頂的總通量，其包含有三個分量（如圖4-3所示）：

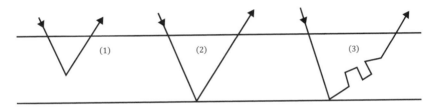

圖 4-3 入射之太陽通量與大氣及地表交互作用後，離開大氣層頂的三種形式（ Buglia, 1986 ）

1. 入射之太陽通量在到達地表前，直接被大氣散射至 $\cos^{-1}\mu$ 方向之分量

$$\pi \mu_0 F_0 R(\mu, \mu_0) \qquad （4\text{-}32）$$

其中 $R(\mu, \mu_0)$ 為散射函數（scattering function）。

2. 地表反射之總通量（（4-31）式），再經過大氣衰減後的值

$$\frac{\pi\mu_0 F_0 \rho_S T_r(-\mu_0)}{1-\rho_S \bar{r}} e^{-\tau^*/\mu} \qquad (4\text{-}33)$$

3. 地表反射之總通量（（4-31）式），再經過大氣漫透射後的值

$$\frac{\pi\mu_0 F_0 \rho_S T_r(-\mu_0)}{1-\rho_S \bar{r}} t(\mu) \qquad (4\text{-}34)$$

由以上三項可知，以 $\cos^{-1}\mu$ 方向離開大氣層頂的總通量即為（4-32）、（4-33）及（4-34）式之總和：

$$F_{REF}(\mu,\mu_0) = \pi\mu_0 F_0 R(\mu,\mu_0) + \frac{\pi\mu_0 F_0 \rho_S T_r(-\mu_0)T_r(\mu)}{1-\rho_S \bar{r}} \qquad (4\text{-}35)$$

其中

$$T_r(\mu) = t(\mu) + e^{-\tau^*/\mu} \qquad (4\text{-}36)$$

將（4-35）式除以（4-15）式，可以得到地表與大氣之總雙向反射率（total bidirectional reflectance）為：

$$r^*(\mu,\mu_0) = \frac{F_{REF}(\mu,\mu_0)}{F_{INC}} = R(\mu,\mu_0) + \frac{\rho_S T_r(-\mu_0)T_r(\mu)}{1-\rho_S \bar{r}} \qquad (4\text{-}37)$$

（4-37）式即為加入地表效應後，地表與大氣系統總和之反射率，其中 $\mu_0 = \cos\theta_0$，$\mu = \cos\theta$，θ_0 代表太陽通量進入大氣層頂之角度，θ

代表離開大氣層頂之總通量的角度。接著如（4-19）式所示，將（4-37）式之總雙向反射率等號兩側同乘 $2\mu\,d\mu$，再對全部的 μ 積分可得到加入地表效應後的行星反照率，稱為地表與大氣系統之平面反照率（planar albedo），也就是向各方向射出大氣層頂的總光譜通量，和以 $\cos^{-1}\mu_0$ 角度射入大氣層之總光譜通量的比值，如下所示：

$$r^*(\mu_0) = r(\mu_0) + \frac{\rho_s T_r(-\mu_0)\overline{T}_r}{1 - \rho_s \overline{r}} \qquad （4\text{-}38）$$

其中

$$\overline{T}_r = 2\int_0^1 \mu T_r(\mu)d\mu \qquad （4\text{-}39）$$

若將（4-38）式對 μ_0 積分，則可得到同時考慮地表與大氣系統之球面反照率：

$$\overline{r}^* = \overline{r} + \frac{\rho_s \overline{T}_r^2}{1 - \rho_s \overline{r}} \qquad （4\text{-}40）$$

即為加入地表效應後，各方向的反射總通量與各方向入射總通量之比值。

　　關於本章所推求之 $t(\mu)$，在均勻大氣中 $t(\mu) \cong t(-\mu)$，但在非均勻大氣中則不一定成立。也就是說，在不均勻的大氣中，向上的透射率並不等於向下的透射率。

　　以上的結果是應用 Tanré 在1982年所提出，直接由物理過程所推導之結果，這種過程較易理解。而 Liou 在1980年曾用較嚴謹的推導過程，將反射及透射函數（R 和 T）的基本定義應用到輻射傳送方程上，也獲得相同的結果。

第五章 輻射傳送方程的近似解

　　對於不同形式的輻射傳送方程，它的近似解有很多種。在地球上的大氣中傳送，可以用簡化的近似解來表示，此結果和精確解（exact solution）比較後，部分的近似解仍相當準確。其主要原因是除了在有雲、濃霧或靄的情況下，地球大氣的光程是較小的。許多近似解是基於薄層大氣的假設，在此情況下，光子被散射的次數非常少。因此，當將此假設應用在大氣中許多問題的研究時，其所產生的數值解將會非常接近精確解。然而，若要使用本章所列出的近似解，則必須注意到此近似解只適用於其推演過程中所假設的條件。

　　本章將先討論薄層大氣近似解（thin-atmosphere approximation）及單次散射解（single-scattering solution）。若將這些解應用在實際的薄層大氣中，將會有較高的準確度。如果在光程較大且吸收較強（$\tilde{\omega} \ll 1$)的大氣中，這種單次散射的現象也是可能存在的（Irvine, 1968；Irvine and Lenoble, 1973），應用這些解仍可有相當不錯的準確度。至於本章稍後將提到的雙流（two-stream）近似解則可應用在不同光程的大氣。

　　雙流近似解以及艾丁頓（Eddington）近似解（將在下一章討論）常被應用在輻射傳送方程之求解。並為了計算結果的處理方便，均將

輻射量取其方向上的平均。本章也將探討Schuster-Schwartzschild、Sagan-Pollack及Coakley-Chýlek之方法，他們都用不同的方向平均法，以減少上、下兩半球的輻射量對方向的依賴性。最終可得到一對偶合（coupled）的線性微分方程，分別表示向上和向下的輻射強度。

5.1 薄層大氣近似

薄層大氣近似是輻射傳送方程最直接且最簡化的近似解，其在本節中僅假設方位角對稱。假設大氣的光程非常小，則可藉由輻射傳送方程的簡化而求得其解。

首先由（3-37）式可見光波段中，應用勒壤得級數展開，並將與方位角相關項消去後所得到之輻射傳送方程開始討論：

$$\mu \frac{dI_v(\tau_v, \mu)}{d\tau_v} = I_v(\tau_v, \mu) - \frac{\widetilde{\omega}_v}{2} \int_{-1}^{1} I_v(\tau_v, \mu') P(\mu, \mu') d\mu' \quad （5\text{-}1）$$

將相位函數標準化，及取方位角平均（azimuthally averaged）後，可表示為：

$$\frac{1}{2} \int_{-1}^{1} P(\mu, \mu') d\mu' = 1 \qquad （5\text{-}2）$$

在第三章中曾經提到，(5-1)式中包含有直射和漫射分量。

若將(5-1)式中的積分項分為向上和向下分量，則可表示為以下兩種形式：

當以 $-1 \leq \mu' \leq 1$ 表示時：

$$\mu \frac{dI_v(\tau_v, \mu)}{d\tau_v} = I_v(\tau_v, \mu) - \frac{\widetilde{\omega}_v}{2} \int_0^1 I_v(\tau_v, \mu') P(\mu, \mu') d\mu'$$
$$- \frac{\widetilde{\omega}_v}{2} \int_{-1}^0 I_v(\tau_v, \mu') P(\mu, \mu') d\mu'$$

其中等號右側第二項為向上分量，第三項則為向下分量。

或者當以 $0 \leq \mu' \leq 1$ 表示時：

$$\mu \frac{dI_v(\tau_v, \mu)}{d\tau_v} = I_v(\tau_v, \mu) - \frac{\widetilde{\omega}_v}{2} \int_0^1 I_v(\tau_v, \mu') P(\mu, \mu') d\mu'$$
$$- \frac{\widetilde{\omega}_v}{2} \int_0^1 I_v(\tau_v, -\mu') P(\mu, -\mu') d\mu' \qquad （5\text{-}3）$$

其中等號右側第二項為向上分量，第三項則為向下分量。若將向上和向下輻射強度分量分別以下列符號表示：

$$I_v^{\uparrow}(\tau_v, \mu) = I_v(\tau_v, \mu)$$

$$I_v^{\downarrow}(\tau_v, \mu) = I_v(\tau_v, -\mu)$$

並分別代入（5-3）式，則可將（5-3）式的各分量改寫如下：

1. 輻射傳送方程之向上分量

$$\mu \frac{dI_v^\uparrow(\tau_v,\mu)}{d\tau_v} = I_v^\uparrow(\tau_v,\mu) - \frac{\widetilde{\omega}_v}{2}\int_0^1 I_v^\uparrow(\tau_v,\mu')P(\mu,\mu')d\mu'$$
$$-\frac{\widetilde{\omega}_v}{2}\int_0^1 I_v^\downarrow(\tau_v,\mu')P(\mu,-\mu')d\mu' \tag{5-4}$$

2. 輻射傳送方程之向下分量：將（5-4）式第一、二、四項中的μ以$-\mu$取代，則

$$-\mu\frac{dI_v^\downarrow(\tau_v,\mu)}{d\tau_v} = I_v^\downarrow(\tau_v,\mu) - \frac{\widetilde{\omega}_v}{2}\int_0^1 I_v^\uparrow(\tau_v,\mu')P(-\mu,\mu')d\mu'$$
$$-\frac{\widetilde{\omega}_v}{2}\int_0^1 I_v^\downarrow(\tau_v,\mu')P(-\mu,-\mu')d\mu' \tag{5-5}$$

其中，第三項的$I_v^\uparrow$不需取代的原因為其是輻射強度往上的分量被散射向下的量。

又

$$P(-\mu,-\mu') = P(\mu,\mu')$$

因此（5-5）式向下分量可寫為：

$$-\mu\frac{dI_v^\downarrow(\tau_v,\mu)}{d\tau_v} = I_v^\downarrow(\tau_v,\mu) - \frac{\widetilde{\omega}_v}{2}\int_0^1 I_v^\uparrow(\tau_v,\mu')P(-\mu,\mu')d\mu'$$
$$-\frac{\widetilde{\omega}_v}{2}\int_0^1 I_v^\downarrow(\tau_v,\mu')P(\mu,\mu')d\mu' \tag{5-6}$$

Coakley and Chýlek（1975）依據薄層大氣的假設，將輻射傳送方程的向上及向下輻射強度分量之微分式，以有限差分（finite difference）形式表示為：

$$\frac{dI_\nu^\uparrow(\tau_\nu,\mu)}{d\tau_\nu} \approx \frac{dI_\nu^\uparrow(\tau_\nu,\mu)-dI_\nu^\uparrow(0,\mu)}{\tau_\nu} \tag{5-7}$$

$$\frac{dI_\nu^\downarrow(\tau_\nu,\mu)}{d\tau_\nu} \approx \frac{dI_\nu^\downarrow(\tau_\nu,\mu)-dI_\nu^\downarrow(0,\mu)}{\tau_\nu} \tag{5-8}$$

將（5-7）式代入（5-4）式中，可求得在大氣層頂$(\tau_\nu = 0)$之向上輻射強度為：

$$I_\nu^\uparrow(0,\mu) = \left(1-\frac{\tau_\nu}{\mu}\right)I_\nu^\uparrow(\tau_\nu,\mu) + \frac{\tau_\nu}{\mu}\frac{\widetilde{\omega}_\nu}{2}\int_0^1 I_\nu^\uparrow(\tau_\nu,\mu')P(\mu,\mu')d\mu'$$
$$+ \frac{\tau_\nu}{\mu}\frac{\widetilde{\omega}_\nu}{2}\int_0^1 I_\nu^\downarrow(\tau_\nu,\mu')P(\mu,-\mu')d\mu' \tag{5-9}$$

（5-9）式等號右側各項物理意義如圖5-1所示。第一項表示來自τ_ν處，以μ方向（向上）傳送之輻射$(\mu = cos\theta)$，經過大氣透射後到達$\tau_\nu = 0$處之分量。由於採用薄層大氣近似，因此

$$\frac{\tau_\nu}{\mu} << 1$$

薄層大氣之透射率可再用泰勒展開式（Taylor expansion）表示，並只保留前兩項，如下所示：

$$e^{-\tau_v/\mu} \approx 1 - \frac{\tau_v}{\mu}$$

因此 $1 - \frac{\tau_v}{\mu}$ 即代表薄層大氣之透射率。

在第二項中，由於前面已知 $1 - \frac{\tau_v}{\mu}$ 代表薄層大氣之透射率，又由能量守恆定律：

$$A_\lambda + R_\lambda + \Im_\lambda = 1$$

可知吸收率、透射率和反射率（後向散射率）之總和為1。故在此薄層大氣中，吸收率與反射率之總和，亦即消光係數（extinction coefficient），可表示為：

$$1 - e^{-\tau_v/\mu} \approx 1 - \left(1 - \frac{\tau_v}{\mu}\right) = \frac{\tau_v}{\mu}$$

至於 $\widetilde{\omega}_v$ 則代表單次散射反照率（single scattering albedo），也就是消光係數中，散射率所佔的比率。因此乘上 $\frac{\widetilde{\omega}_v}{2}$ 即代表經由大氣散射後，向上的貢獻量。由此可知，第二項表示以 μ' 方向（向上）傳送之輻射（$\mu' = cos\theta'$）在到達 τ_v 處後，經由大氣散射至 μ 方向的貢獻量。

第三項則表示以$-\mu'$方向（向下，$-\mu' = -cos\theta'$）傳送之輻射在到τ_ν處後，被散射到μ方向的貢獻量。

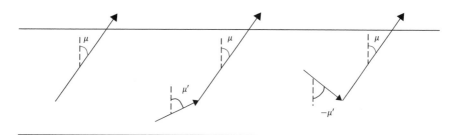

圖5-1 在薄層大氣中，向上輻射強度中三個分量的物理意義，負號代表向下輻射

同（5-9）式，可求得到達τ_ν處之向下輻射強度為：

$$I_\nu^\downarrow(\tau_\nu,\mu) = \left(1 - \frac{\tau_\nu}{\mu}\right)I_\nu^\downarrow(0,\mu) + \frac{\tau_\nu}{\mu}\frac{\widetilde{\omega}_\nu}{2}\int_0^1 I_\nu^\downarrow(\tau_\nu,\mu')P(\mu,\mu')d\mu'$$
$$+ \frac{\tau_\nu}{\mu}\frac{\widetilde{\omega}_\nu}{2}\int_0^1 I_\nu^\uparrow(\tau_\nu,\mu')P(-\mu,\mu')d\mu'$$

（5-10）

（5-10）式中各項物理意義可用圖5-2表示。等號右側第一項表示由大氣層頂向下的輻射量經過大氣透射後抵達τ_ν處時的輻射強度；第二項表示以$-\mu'$方向（向下）傳送之輻射在到達τ_ν處後，被散射到$-\mu$方向（向下）的輻射強度；第三項表示以μ'方向（向上）傳送之輻射在到達τ_ν處後，被散射到$-\mu$方向（向下）的輻射強度。

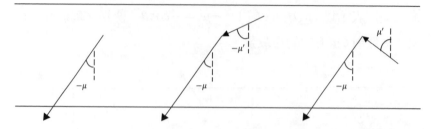

圖5-2 在薄層大氣中，向下輻射強度中三個分量的物理意義，負號代表向下輻射

為了消去（5-9）式等號右側第三項中的向下輻射強度$I_\nu^\downarrow$，故將（5-10）式代入（5-9）式。而由於$\frac{\tau_\nu}{\mu} \ll 1$，因此（5-10）式等號右側第二及第三項在代入（5-9）式後，將會遠小於其他項，僅須保留（5-10）式等號右側第一項，則（5-10）式可近似為：

$$I_\nu^\downarrow(\tau_\nu, \mu) \rightarrow I_\nu^\downarrow(0, \mu)$$

代入（5-9）式後，在大氣層頂($\tau_\nu = 0$)之向上輻射強度可寫為：

$$I_\nu^\uparrow(0, \mu) = \left(1 - \frac{\tau_\nu}{\mu}\right)I_\nu^\uparrow(\tau_\nu, \mu) + \frac{\tau_\nu}{\mu}\frac{\widetilde{\omega}_\nu}{2}\int_0^1 I_\nu^\uparrow(\tau_\nu, \mu')P(\mu, \mu')d\mu'$$
$$+ \frac{\tau_\nu}{\mu}\frac{\widetilde{\omega}_\nu}{2}\int_0^1 I_\nu^\downarrow(0, \mu')P(\mu, -\mu')d\mu' \qquad (5\text{-}11)$$

接下來可直接由（5-11）式得到薄層大氣之反射及透射函數。Coakley and Chýlek（1975）假設大氣層頂太陽入射光束為：

$$2\pi I_\nu^\downarrow(0,\mu') = \pi F_0 \delta(\mu' - \mu_0) \qquad (5\text{-}12)$$

其中2π是方位角積分之結果。假設自大氣底層入射之漫射輻射為零：

$$2\pi I_\nu^\uparrow(\tau_\nu,\mu) = 0 \qquad (5\text{-}13)$$

則（5-11）式等號右側第一及第二項可省略，此式可寫為：

$$I_\nu^\uparrow(0,\mu) = \frac{\tau_\nu}{\mu} \frac{\widetilde{\omega}_\nu}{2} \frac{F_0}{2} P(\mu,-\mu_0) \qquad (5\text{-}14)$$

由（3-35）式光譜通量方程，可得到反射通量為：

$$F_\nu^\uparrow(\mu) = 2\pi \int_0^1 \mu I_\nu^\uparrow(0,\mu) d\mu = \frac{\pi}{2} \tau_\nu \widetilde{\omega}_\nu F_0 \int_0^1 P(\mu,-\mu_0) d\mu \qquad (5\text{-}15)$$

所以根據（4-17）式可將行星反照率表示為：

$$r(\mu_0) = \frac{F_{REF}}{F_{INC}} = \frac{F_\nu^\uparrow(\mu)}{\pi F_0 \mu_0} = \frac{\tau_\nu}{\mu_0} \frac{\widetilde{\omega}_\nu}{2} \int_0^1 P(\mu,-\mu_0) d\mu \qquad (5\text{-}16)$$

接下來將利用（5-11）式求得總透射函數（total transmission function）$T(\mu_0)$，雖然（5-11）式描述的是向上輻射強度分量，但可假設太陽光是來自大氣層底部，其邊界條件為：

$$2\pi I_v^{\uparrow}(\tau_v, \mu) = \pi F_0 \delta(\mu - \mu_0) \qquad (5\text{-}17)$$

及

$$2\pi I_v^{\downarrow}(0, \mu) = 0 \qquad (5\text{-}18)$$

代入（5-11）式，得到在大氣層頂$(\tau_v = 0)$之向上輻射強度：

$$I_v^{\uparrow}(0, \mu) = \left(1 - \frac{\tau_v}{\mu}\right)\frac{F_0}{2}\delta(\mu - \mu_0) + \frac{\tau_v}{\mu}\frac{\widetilde{\omega}_v}{2}\frac{F_0}{2}P(\mu, \mu_0) \qquad (5\text{-}19)$$

則透射通量為：

$$\begin{aligned}
F_v^{\uparrow}(0) &= 2\pi\int_0^1 \mu I_v^{\uparrow}(0, \mu)\,d\mu \\
&= 2\pi\mu_0\left(1 - \frac{\tau_v}{\mu}\right)\frac{F_0}{2} + 2\pi\tau_v\frac{\widetilde{\omega}_v}{2}\frac{F_0}{2}\int_0^1 P(\mu', \mu_0)\,d\mu'
\end{aligned} \qquad (5\text{-}20)$$

所以總透射函數表示為：

$$\begin{aligned}
T(\mu_0) &= \frac{F_{TRANS}}{F_{INC}} = \frac{F_v^{\uparrow}(0)}{\pi F_0 \mu_0} \\
&= \left(1 - \frac{\tau_v}{\mu_0}\right) + \frac{\tau_v}{\mu_0}\frac{\widetilde{\omega}_v}{2}\int_0^1 P(\mu', \mu_0)\,d\mu'
\end{aligned} \qquad (5\text{-}21)$$

（5-21）式中等號右側第一項表示在薄層大氣中$\left(\dfrac{\tau_\nu}{\mu_0} \ll 1\right)$的直射透射率（direct transmission）：

$$e^{-\tau_\nu/\mu_0} \approx 1 - \frac{\tau_\nu}{\mu_0}$$

而（5-21）式中等號右側第二項表示漫透射率（diffuse transmission）。

從（2-27）式的相位函數標準化特性質及方位角方向對稱，可得到：

$$\frac{1}{2}\int_{-1}^{1} P(\mu, \mu')\,d\mu' = 1$$

或

$$\frac{1}{2}\int_{-1}^{0} P(\mu, \mu')\,d\mu' + \frac{1}{2}\int_{0}^{1} P(\mu, \mu')\,d\mu' = 1$$

$$\frac{1}{2}\int_{0}^{1} P(\mu, -\mu')\,d\mu' + \frac{1}{2}\int_{0}^{1} P(\mu, \mu')\,d\mu' = 1$$

由於

$$P(\mu, \mu') = P(\mu', \mu)$$

$$P(\mu, -\mu') = P(-\mu, \mu')$$

則（5-21）式當中的積分項可寫為：

$$\frac{1}{2}\int_0^1 P(\mu',\mu_0)d\mu' = 1 - \frac{1}{2}\int_0^1 P(\mu',-\mu_0)d\mu' \qquad （5-22）$$

所以（5-21）式透射率可寫為：

$$T(\mu_0) = 1 - \frac{\tau_\nu}{\mu_0}\left[1 - \widetilde{\omega}_\nu + \frac{\widetilde{\omega}_\nu}{2}\int_0^1 P(\mu',-\mu_0)d\mu'\right] \qquad （5-23）$$

從（5-16）式和（5-23）式顯示出，在薄層大氣中反照率和透射函數均為光程的線性函數。

在許多文獻中，反散射分量（backscatter fraction）$\beta(\mu_0)$和總反散射分量（integrated backscatter fraction）$\bar{\beta}$常被用在求取輻射傳送方程的近似解，其定義為：

$$\beta(\mu_0) = \frac{1}{2}\int_0^1 P(\mu,-\mu_0)d\mu \qquad （5-24）$$

$$\bar{\beta} = \int_0^1 \beta(\mu_0)d\mu_0 \qquad （5-25）$$

$\beta(\mu_0)$表示在大氣中入射角為$cos^{-1}\mu_0$之輻射的反散射分量，其值與通過散射中心，在水平面以上的相位函數總表面積分量成正比，如圖5-3所示。圖中為應用 Henyey-Greenstein 相位函數和較小的非對稱參數

（asymmetry parameter）g 之示意圖，$\bar{\beta}$ 則是將反散射分量對所有入射角積分之結果。

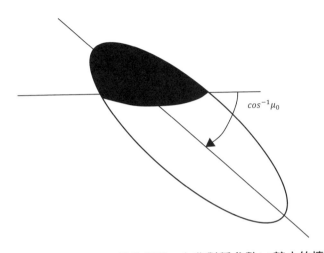

$cos^{-1}\mu_0$

圖5-3 取 Henyey-Greenstein 相位函數，在非對稱參數(g)較小的情況下之反散射分量示意圖（Buglia, 1986）

因此（5-16）式之反照率和（5-23）式之透射率可表示為：

$$r\left(\mu_0\right) = \frac{\tau_v}{\mu_0}\widetilde{\omega}_v\beta\left(\mu_0\right) \qquad （5\text{-}26）$$

$$T\left(\mu_0\right) = 1 - \frac{\tau_v}{\mu_0}\left[1 - \widetilde{\omega}_v + \widetilde{\omega}_v\beta(\mu_0)\right] \qquad （5\text{-}27）$$

而（4-23）式之球面反照率則可表示為：

$$\bar{r} = 2\int_0^1 \mu_0 r(\mu_0)d\mu_0$$
$$= 2\tau_\nu \widetilde{\omega}_\nu \int_0^1 \beta(\mu_0)d\mu_0 = 2\tau_\nu \widetilde{\omega}_\nu \overline{\beta} \tag{5-28}$$

至於（4-24）式之球面透射函數則可表示為：

$$\overline{T} = 2\int_0^1 \mu_0 T(\mu_0)d\mu_0$$
$$= 1 - 2\tau_\nu \left(1 - \widetilde{\omega}_\nu + \widetilde{\omega}_\nu \overline{\beta}\right) \tag{5-29}$$

Wiscombe and Grams（1976）曾詳細探討反散射分量，以及由一般相位函數估算反散射分量之方法。表5-1為對於 Henyey-Greenstein 相位函數而言，利用 Wiscombe and Grams（1976）之方法所求得之反散射分量$\beta(\mu_0)$與非對稱參數(g)、入射角(μ_0)間的關係。表5-2則為對 Henyey-Greenstein 相位函數而言，利用同樣方法所求得之總反散射分量$(\overline{\beta})$與非對稱參數(g)之間的關係。表5-1及表5-2之結果亦分別以圖5-4和圖5-5表示。

從表5-1及表5-2中可看出，在均向性（isotropic）的散射狀況下，對所有的入射角μ_0而言，皆為$\beta(\mu_0) = \bar{\beta} = \frac{1}{2}$；也就是入射輻射有一半被向前散射，另一半則被向後散射。對非常細長的相位函數$(g \rightarrow 1)$而言，大多數的入射輻射則被向前散射。因此，$\beta(\mu_0)$和$\bar{\beta}$皆趨近於0，反散射分量很小。當入射角接近90度時$(\mu_0 \rightarrow 0)$，其反散射分量高於入射角接近0度$(\mu_0 \rightarrow 1)$時的反散射分量，也就是$\beta(\mu_0 = 1) < \beta(\mu_0 = 0)$。

表5-1 對於 Henyey-Greenstein 相位函數而言，反散射分量$\beta(\mu_0)$與非對稱參數(g)、入射角(μ_0)間的關係（Buglia, 1986）

g	$\mu_0 = 0.1$	$\mu_0 = 0.2$	$\mu_0 = 0.3$	$\mu_0 = 0.4$	$\mu_0 = 0.5$	$\mu_0 = 0.6$	$\mu_0 = 0.7$	$\mu_0 = 0.8$	$\mu_0 = 0.9$	$\mu_0 = 1.0$
0.00	0.500	0.500	0.500	0.500	0.500	0.500	0.500	0.500	0.500	0.500
0.05	0.496	0.492	0.489	0.485	0.481	0.477	0.474	0.470	0.466	0.463
0.10	0.492	0.485	0.477	0.470	0.462	0.455	0.440	0.433	0.425	0.423
0.15	0.489	0.477	0.466	0.454	0.443	0.432	0.421	0.410	0.399	0.389
0.20	0.484	0.469	0.454	0.438	0.423	0.409	0.394	0.380	0.367	0.353
0.25	0.480	0.460	0.441	0.422	0.403	0.385	0.368	0.351	0.334	0.319
0.30	0.476	0.451	0.428	0.404	0.382	0.361	0.340	0.321	0.303	0.286
0.35	0.471	0.442	0.413	0.386	0.360	0.336	0.313	0.292	0.273	0.255
0.40	0.465	0.431	0.398	0.367	0.337	0.311	0.286	0.263	0.243	0.225
0.45	0.459	0.419	0.381	0.346	0.313	0.284	0.258	0.236	0.215	0.197
0.50	0.452	0.405	0.362	0.323	0.288	0.258	0.231	0.208	0.188	0.171
0.55	0.443	0.390	0.341	0.298	0.262	0.230	0.204	0.181	0.163	0.147
0.60	0.434	0.372	0.318	0.272	0.234	0.203	0.177	0.156	0.139	0.124
0.65	0.421	0.350	0.291	0.243	0.205	0.175	0.151	0.132	0.116	0.103
0.70	0.406	0.324	0.260	0.211	0.174	0.147	0.125	0.109	0.095	0.084
0.75	0.385	0.292	0.225	0.177	0.144	0.119	0.101	0.087	0.076	0.067
0.80	0.356	0.252	0.185	0.142	0.113	0.093	0.078	0.060	0.058	0.051
0.85	0.314	0.202	0.141	0.105	0.085	0.067	0.056	0.048	0.041	0.036
0.90	0.247	0.141	0.094	0.069	0.053	0.043	0.036	0.030	0.026	0.023
0.95	0.141	0.072	0.046	0.033	0.026	0.021	0.017	0.014	0.012	0.011
1.00	0.000	0.000	0.000	0.000	0.000	0.000	0.000	0.000	0.000	0.000

表5-2 對於 Henyey-Greenstein 相位函數而言，總反散射分量$(\bar{\beta})$與非對稱參數(g)之間的關係（Buglia, 1986）

g	$\bar{\beta}$	g	$\bar{\beta}$
0.00	0.500	0.55	0.283
0.05	0.481	0.60	0.261
0.10	0.462	0.65	0.238
0.15	0.444	0.70	0.214
0.20	0.425	0.75	0.188
0.25	0.405	0.80	0.161
0.30	0.386	0.85	0.131
0.35	0.366	0.90	0.098
0.40	0.346	0.95	0.058
0.45	0.326	1.00	0.000
0.50	0.305		

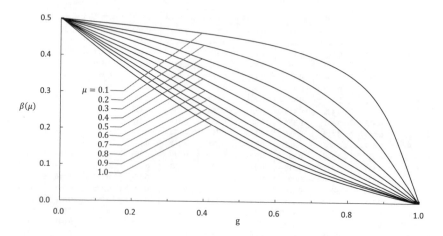

圖5-4 對於 Henyey-Greenstein 相位函數而言，反散射分量$\beta(\mu_0)$與非對稱
參數(g)、入射角(μ_0)間的關係（Wiscombe and Grams, 1976）

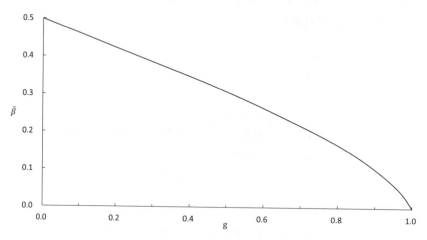

圖5-5 對於 Henyey-Greenstein 相位函數而言，總反散射分量$(\bar{\beta})$與非對稱
參數(g)之間的關係（Wiscombe and Grams, 1976）

　　圖5-6和圖5-7為本章中反射方程（5-26）式和透射方程（5-27）式的估算值，與Liou在1973年以倍加法（doubling method）所得到之精確解的比較，結果顯示兩者在薄層大氣($\tau = 0.0625$)中比在較厚大氣中($\tau = 0.25$)接近。當入射角越接近0度($\mu_0 \to 1$)則兩者越吻合。這是因為入射角越陡（接近0度），發生多次散射（multiple scattering）的機會就越少。

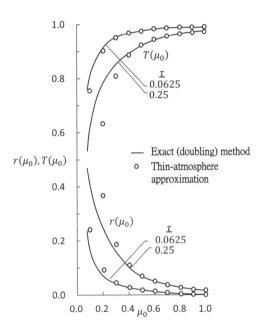

圖5-6　當$\tau = 0.0625$及$\tau = 0.25$時，由薄層大氣近似所求得（5-26）式和（5-27）式的近似解與倍加法所得到的精確解之比較，其中Henyey-Greenstein 相位函數之 $g = 0.75$，$\widetilde{\omega}_0 = 1.0$（Buglia, 1986）

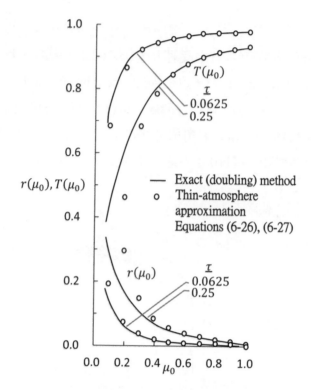

圖5-7 當$\tau = 0.0625$及$\tau = 0.25$時，由薄層大氣近似所求得（5-26）式和

（5-27）式的近似解與倍加法所得到的精確解之比較，其中Henyey-

Greenstein 相位函數之$g= 0.75$，$\widetilde{\omega}_0 = 0.8$（Buglia, 1986）

5.2 單次散射解

　　單次散射解是輻射傳送方程當中另一個簡化的解。在單次散射解

當中，假設入射的太陽輻射只被散射一次，並依此假設計算向上及向

下之輻射強度。一般而言，平流層的氣膠消光係數背景值約為

$2 \times 10^{-4}\ km^{-1}$，所以平流層的氣膠消光平均自由路徑（mean free

path）約為5000公里，遠大於平流層厚度（約40公里），故單次散射解可適用在平流層。但是當太陽天頂角很低時，入射輻射的散射次數可能不只一次（Buglia, 1982），因此在這種情況下，單次散射解可能不適用。在對流層方面，晴天（clear-day）時消光係數約為2×10^{-2} km^{-1}，平均自由路徑約為50公里，也比對流層的厚度（約為10公里）大，故單次散射解在對流層中也可用來處理一些問題。當有雲、濃霧、霾和高濃度氣膠時，單次散射近似解則較不適用。

首先從向上和向下輻射強度的形式解來討論，將（3-56）式和（3-58）式省略下標ν之後可寫成：

$$I(\tau, \mu, \phi) = I(\tau^*, \mu, \phi) e^{-(\tau^*-\tau)/\mu} + \int_\tau^{\tau^*} J(\tau', \mu, \phi) e^{-(\tau'-\tau)/\mu} \frac{d\tau'}{\mu} \qquad （5-30）$$

$$I(\tau, -\mu, \phi) = I(0, -\mu, \phi) e^{-\tau/\mu} + \int_0^\tau J(\tau', -\mu, \phi) e^{-(\tau-\tau')/\mu} \frac{d\tau'}{\mu} \qquad （5-31）$$

其中源函數$J(\tau, \mu, \phi)$為入射太陽輻射的一次散射，寫成：

$$J(\tau, \mu, \phi) = \pi F_0 e^{-\tau/\mu_0} \widetilde{\omega} \frac{P(\mu, \phi : -\mu_0, \phi_0)}{4\pi} \qquad （5-32）$$

在（5-32）式中：

$\pi F_0 e^{\frac{-\tau}{\mu_0}}$為入射之直射太陽輻射在經過大氣透射作用後，到達光程為τ處時的輻射強度。$\widetilde{\omega}$為單次散射反照率。

$\frac{P(\mu,\phi:-\mu_0,\phi_0)}{4\pi}$ 為來自 $(-\mu_0,\phi_0)$ 方向的太陽輻射被散射到 (μ,ϕ) 方向的分量。

在此假設由大氣層頂及大氣層底進入大氣的漫射輻射強度為零，因此邊界條件為：

$$I(0,-\mu,\phi)=0 \tag{5-33}$$

$$I(\tau^*,\mu,\phi)=0 \tag{5-34}$$

從（5-30）式、（5-32）式及邊界條件，可求得到達光程為 τ 處的向上輻射強度為：

$$I(\tau,\mu,\phi)=\left(\frac{\tilde{\omega}}{4\pi}\right)\pi F_0 P(\mu,\phi:-\mu_0,\phi_0)\int_\tau^{\tau^*} e^{-\tau'/\mu_0} e^{-(\tau'-\tau)/\mu}\frac{d\tau'}{\mu} \tag{5-35}$$

其中積分式內的 $e^{\frac{-\tau'}{\mu_0}}$ 代表入射之太陽輻射進入大氣層後，在到達光程為 τ' 處的過程中，大氣的透射率；$e^{\frac{-(\tau'-\tau)}{\mu}}$ 則代表到達光程為 τ' 處的太陽輻射，經過大氣散射後，再到達光程為 τ 處的過程中，大氣之透射率。將（5-35）式簡化後可得到：

$$I(\tau,\mu,\phi)=\frac{\tilde{\omega}}{4}F_0 P(\mu,\phi:-\mu_0,\phi_0)\frac{\mu_0}{\mu+\mu_0}e^{\tau/\mu}\times\left[e^{-\tau\left(\frac{1}{\mu_0}+\frac{1}{\mu}\right)}-e^{-\tau^*\left(\frac{1}{\mu_0}+\frac{1}{\mu}\right)}\right] \tag{5-36}$$

由（5-36）式可得到在大氣層頂$(\tau = 0)$的向上輻射強度為：

$$I(0, \mu, \phi) = \frac{\widetilde{\omega}\mu_0 F_0}{4(\mu + \mu_0)} P(\mu, \phi : -\mu_0, \phi_0)\left[1 - e^{-\tau^*\left(\frac{1}{\mu_0} + \frac{1}{\mu}\right)}\right] \quad （5\text{-}37）$$

依據（4-8）式之漫反射輻射方程

$$I_{REF}(0, \mu, \phi) = \mu_0 F_0 R(\mu, \phi : \mu_0, \phi_0) \quad （5\text{-}38）$$

可得到單次散射的反射函數為：

$$R(\mu, \mu_0) = \frac{\widetilde{\omega}}{4} \frac{P(\mu, -\mu_0)}{\mu + \mu_0}\left[1 - e^{-\tau^*\left(\frac{1}{\mu_0} + \frac{1}{\mu}\right)}\right] \quad （5\text{-}39）$$

至於向下輻射強度則與向上輻射強度類似，由（5-31）式、（5-32）式及邊界條件，可求得在光程為τ處的向下輻射強度為：

$$I(\tau, -\mu, \phi) = \left(\frac{\widetilde{\omega}}{4\pi}\right)\pi F_0 P(-\mu, \phi : -\mu_0, \phi_0)\int_0^\tau e^{-\tau'/\mu_0} e^{-(\tau-\tau')/\mu}\frac{d\tau'}{\mu} \quad （5\text{-}40）$$

在此需要分別以$\mu = \mu_0$和$\mu \neq \mu_0$二種情況來討論。當$\mu = \mu_0$時，向下輻射強度為：

$$I_1(\tau,-\mu,\phi) = \left(\frac{\tilde{\omega}}{4\pi}\right)\pi F_0 P(-\mu,\phi:-\mu_0,\phi_0)\int_0^\tau e^{-\tau/\mu_0}\frac{d\tau'}{\mu}$$

$$= \frac{\tilde{\omega}}{4}F_0 P(-\mu,\phi:-\mu_0,\phi_0)\frac{\tau}{\mu_0}e^{-\tau/\mu_0} \tag{5-41a}$$

當 $\mu \neq \mu_0$ 時，向下輻射強度則為：

$$I_2(\tau,-\mu,\phi) = \left(\frac{\tilde{\omega}}{4\pi}\right)\pi F_0 P(-\mu,\phi:-\mu_0,\phi_0)\int_0^\tau e^{-\tau'/\mu_0}e^{-(\tau-\tau')/\mu}\frac{d\tau'}{\mu}$$

$$= \frac{\tilde{\omega}}{4}F_0 P(-\mu,\phi:-\mu_0,\phi_0)\frac{e^{-\tau/\mu}}{\mu}\int_0^\tau e^{-\tau'\left(\frac{1}{\mu_0}-\frac{1}{\mu}\right)}d\tau' \tag{5-41b}$$

$$= \frac{\tilde{\omega}}{4}\frac{\mu_0 F_0}{\mu-\mu_0}P(-\mu,\phi:-\mu_0,\phi_0)\left[e^{-\tau/\mu}-e^{-\tau/\mu_0}\right]$$

在大氣層底($\tau = \tau^*$)的向下輻射強度則分別為：

當 $\mu = \mu_0$ 時，由（5-41a）式可得：

$$I_1(\tau^*,-\mu,\phi) = \frac{\tilde{\omega}}{4}F_0 P(-\mu,\phi:-\mu_0,\phi_0)\frac{\tau^*}{\mu_0}e^{-\tau^*/\mu_0} \tag{5-42a}$$

當 $\mu \neq \mu_0$ 時，由（5-41b）式可得：

$$I_2(\tau^*,-\mu,\phi) = \frac{\tilde{\omega}}{4}\frac{\mu_0 F_0}{\mu-\mu_0}P(-\mu,\phi:-\mu_0,\phi_0)\left[e^{-\tau^*/\mu}-e^{-\tau^*/\mu_0}\right] \tag{5-42b}$$

由（5-42b）式之向下輻射強度及（4-9）式的漫透射輻射方程

$$I_{TRANS}\left(\tau^*,-\mu,\phi\right)=\mu_0 F_0 T\left(\mu,\phi:\mu_0,\phi_0\right) \qquad （5\text{-}43）$$

可知當$\mu \neq \mu_0$時，單次散射的漫透射函數為：

$$t_2\left(\mu,\mu_0\right)=\frac{\widetilde{\omega}}{4}\frac{P\left(-\mu,-\mu_0\right)}{\mu-\mu_0}\left[e^{-\tau^*/\mu}-e^{-\tau^*/\mu_0}\right] \qquad （5\text{-}44a）$$

當$\mu = \mu_0$時，由（5-42a）式及（5-43）式，可得到單次散射的漫透射函數為：

$$t_1\left(\mu,\mu_0\right)=\frac{\widetilde{\omega}}{4}\frac{\tau^*}{\mu_0{}^2}P\left(-\mu,\phi:-\mu_0,\phi_0\right)e^{-\tau^*/\mu_0} \qquad （5\text{-}44b）$$

其中$e^{\frac{-\tau^*}{\mu_0}}$為透射函數的直射分量。

當$\tau^* \ll 1$時（薄層大氣），從（5-36）式可得向上輻射強度為：

$$I\left(\tau,\mu,\phi\right)=\frac{\widetilde{\omega}}{4}F_0\frac{\tau^*-\tau}{\mu}P\left(\mu,\phi:-\mu_0,\phi_0\right) \qquad （5\text{-}45）$$

大氣層頂$(\tau = 0)$的向上輻射強度為：

$$I\left(0,\mu,\phi\right)=\frac{\widetilde{\omega}}{4}\frac{F_0\tau^*}{\mu}P\left(\mu,\phi:-\mu_0,\phi_0\right) \qquad （5\text{-}46）$$

此與（5-14）式薄層大氣近似的結果相同。若再假設大氣層頂的向上輻射通量具方位角對稱性，則由（3-35）式的光譜通量方程，可得到在$\tau = 0$處的向上光譜通量為：

$$F^{\uparrow}(0) = 2\pi \int_0^1 \mu \frac{\widetilde{\omega}}{4} F_0 \frac{\tau^*}{\mu} P(\mu, -\mu_0) d\mu = \pi \widetilde{\omega} F_0 \tau^* \beta(\mu_0) \quad (5\text{-}47)$$

此亦與（5-15）式薄層大氣近似的結果相同。

在大氣層底$(\tau = \tau^*)$之向下光譜通量的直射分量為：

$$F^{\downarrow}(\tau^*) = \pi F_0 \mu_0 e^{-\tau^*/\mu_0} \approx \pi F_0 \mu_0 \left(1 - \frac{\tau^*}{\mu_0}\right) \quad (5\text{-}48)$$

從（5-42b）式可知，在薄層大氣近似下，在大氣底層$(\tau = \tau^*)$之向下輻射強度的漫射分量為：

$$\begin{aligned}
I(\tau^*, -\mu, \phi) &= \frac{\widetilde{\omega}}{4} \frac{\mu_0 F_0}{\mu - \mu_0} P(-\mu, \phi : -\mu_0, \phi_0) \left[1 - \frac{\tau^*}{\mu} - 1 + \frac{\tau^*}{\mu_0}\right] \\
&= \frac{\widetilde{\omega}}{4} F_0 \frac{\tau^*}{\mu} P(-\mu, -\mu_0)
\end{aligned} \quad (5\text{-}49)$$

由（5-22）式及（5-49）式，可得到在大氣底層$(\tau = \tau^*)$之向下光譜通量的漫射分量：

$$F^{\downarrow}\left(\tau^*\right) = 2\pi \int_0^1 \mu \frac{\widetilde{\omega}}{4} F_0 \frac{\tau^*}{\mu} P(-\mu, -\mu_0) d\mu = \pi \widetilde{\omega} F_0 \tau^* \left[1 - \beta(\mu_0)\right] \quad （5\text{-}50）$$

所以，在大氣底層之向下總光譜通量為（5-48）式直射分量及（5-50）式漫射分量之和：

$$F^{\downarrow}\left(\tau^*\right) = \pi F_0 \mu_0 \left(1 - \frac{\tau^*}{\mu_0}\right) + \pi \widetilde{\omega} F_0 \tau^* \left[1 - \beta(\mu_0)\right] \quad （5\text{-}51）$$

因此，在大氣底層的總透射函數即為將（5-51）式除以太陽通量 $\pi F_0 \mu_0$，可得到：

$$T(\mu_0) = 1 - \frac{\tau^*}{\mu_0}\left[1 - \widetilde{\omega} + \widetilde{\omega}\beta(\mu_0)\right] \quad （5\text{-}52）$$

這與（5-27）式薄層大氣近似的結果相同。而單次散射解和薄層大氣近似的不同處在於，單次散射解僅假設光子在整個過程中只被散射一次，且並未做任何與大氣厚度相關的假設。

5.3 雙流近似解（Two-Stream Solutions）

雙流近似解是將輻射傳送方程分別用向上和向下輻射分量的微分方程組來表示，並假設向上和向下的輻射強度與觀測角無關。在微分方程組中各包含一積分項，可經由積分近似方法將積分項改寫為線性微分方程。這組線性微分方程在應用於均勻大氣時可視為常係數微分方程。

關於前述的積分近似法，本章節將分別討論 Schuster-Schwartzschild（S-S）近似法、Sagan-Pollack（S-P）近似法及Coakley-Chýlek（C-C）近似法。由這三種近似法所推導出的微分方程，其形式是相同的，只有常數係數值不同。Meador and Weaver（1980）曾將其他著名的近似法（如艾丁頓近似、求積法（Quadrature method）、半球常數法（Hemisphere constant method）及δ函數法（Delta function method）等）加以討論和比較，並將理論相近的方法以相同的代數形式表示，但並不包括本章所討論之三種積近似法。因此本章將歸納這三種積分近似法，以一組常係數微分方程表示。

雙流解析主要被應用在輻射傳送方程的方位角對稱形式，以求取總輻射強度（包含直射及漫射量）或單獨求取漫射分量。在下一節中，則將進一步推導總輻射強度解及漫射強度解。

5.3.1 Schuster-Schwartzschild近似法

首先將（5-4）式和（5-6）式中的下標省略，但在本小節中，要記住以下之推導將只探討單色輻射（monochromatic radiation），故輻射傳送方程之向上和向下分量可分別表示為：

$$\mu \frac{dI^{\uparrow}(\tau,\mu)}{d\tau} = I^{\uparrow}(\tau,\mu) - \frac{\widetilde{\omega}}{2}\int_0^1 I^{\uparrow}(\tau,\mu')P(\mu,\mu')d\mu'$$
$$- \frac{\widetilde{\omega}}{2}\int_0^1 I^{\downarrow}(\tau,\mu')P(\mu,-\mu')d\mu' \tag{5-53}$$

$$- \mu \frac{dI^{\downarrow}(\tau, \mu)}{d\tau} = I^{\downarrow}(\tau, \mu) - \frac{\widetilde{\omega}}{2} \int_0^1 I^{\uparrow}(\tau, \mu') P(\mu, -\mu') d\mu'$$

$$- \frac{\widetilde{\omega}}{2} \int_0^1 I^{\downarrow}(\tau, \mu') P(\mu, \mu') d\mu' \qquad （5\text{-}54）$$

將（5-53）式乘以$d\mu$並將μ由0積分到1，則

$$\frac{d}{d\tau} \int_0^1 \mu I^{\uparrow}(\tau, \mu) d\mu = \int_0^1 I^{\uparrow}(\tau, \mu) d\mu - \frac{\widetilde{\omega}}{2} \int_0^1 d\mu \int_0^1 I^{\uparrow}(\tau, \mu') P(\mu, \mu') d\mu'$$

$$- \frac{\widetilde{\omega}}{2} \int_0^1 d\mu \int_0^1 I^{\downarrow}(\tau, \mu') P(\mu, -\mu') d\mu' \qquad （5\text{-}55）$$

調整上式等號右側最後二個積分項內的順序，可將（5-55）式改寫為：

$$\frac{d}{d\tau} \int_0^1 \mu I^{\uparrow}(\tau, \mu) d\mu = \int_0^1 I^{\uparrow}(\tau, \mu) d\mu - \frac{\widetilde{\omega}}{2} \int_0^1 P(\mu, \mu') d\mu \int_0^1 I^{\uparrow}(\tau, \mu') d\mu'$$

$$- \frac{\widetilde{\omega}}{2} \int_0^1 P(\mu, -\mu') d\mu \int_0^1 I^{\downarrow}(\tau, \mu') d\mu' \qquad （5\text{-}56）$$

由（2-35）式

$$\mu_0 = \mu\mu' + \left(1 - \mu^2\right)^{1/2} \left(1 - \mu'^2\right)^{1/2} \cos(\phi' - \phi)$$

可知μ, μ'具對稱性，因此

$$P(\mu, -\mu') = P(-\mu, \mu')$$

又由（5-22）式及（5-24）式可知，相位函數總表面積分量可以由反散射分量表示如下：

$$\frac{1}{2}\int_0^1 P(\mu,\mu')d\mu = 1 - \frac{1}{2}\int_0^1 P(\mu,-\mu')d\mu$$
$$= 1 - \beta(\mu')$$

（5-57）

所以（5-56）式可用反散射分量改寫為：

$$\frac{d}{d\tau}\int_0^1 \mu I^\uparrow(\tau,\mu)d\mu = \int_0^1 I^\uparrow(\tau,\mu)d\mu - \widetilde{\omega}[1-\beta(\mu')]\int_0^1 I^\uparrow(\tau,\mu')d\mu'$$
$$- \widetilde{\omega}\beta(\mu')\int_0^1 I^\downarrow(\tau,\mu')d\mu'$$

（5-58）

又由（5-25）式總反散射分量 $\bar{\beta}$ 與反散射分量 $\beta(\mu')$ 之關係式

$$\bar{\beta} = \int_0^1 \beta(\mu')d\mu'$$

（5-59）

可將（5-58）式以總反散射分量改寫為：

$$\frac{d}{d\tau}\int_0^1 \mu I^\uparrow(\tau,\mu)d\mu = \int_0^1 I^\uparrow(\tau,\mu)d\mu - \widetilde{\omega}(1-\bar{\beta})\int_0^1 I^\uparrow(\tau,\mu')d\mu'$$
$$- \widetilde{\omega}\bar{\beta}\int_0^1 I^\downarrow(\tau,\mu')d\mu'$$

（5-60）

假設 I 在上半球及下半球內均與 μ 無關，因此 $I^\uparrow(\tau,\mu) \rightarrow I^\uparrow(\tau)$、$I^\downarrow(\tau,\mu) \rightarrow I^\downarrow(\tau)$，則可得 S-S 近似如下：

$$\int_0^1 \mu I^\uparrow(\tau,\mu)d\mu \approx I^\uparrow(\tau)\int_0^1 \mu\, d\mu = \frac{1}{2}I^\uparrow(\tau) \qquad （5\text{-}61）$$

將（5-61）式代入（5-60）式可得：

$$\frac{1}{2}\frac{dI^\uparrow(\tau)}{d\tau} = I^\uparrow(\tau) - \widetilde{\omega}\left(1-\overline{\beta}\right)I^\uparrow(\tau) - \widetilde{\omega}\overline{\beta}I^\downarrow(\tau) \qquad （5\text{-}62）$$

利用同樣方法可將（5-54）式近似為：

$$-\frac{1}{2}\frac{dI^\downarrow(\tau)}{d\tau} = I^\downarrow(\tau) - \widetilde{\omega}\overline{\beta}I^\uparrow(\tau) - \widetilde{\omega}\left(1-\overline{\beta}\right)I^\downarrow(\tau) \qquad （5\text{-}63）$$

（5-62）式和（5-63）式為利用S-S形式微分方程所表示之總輻射強度向上和向下分量的雙流近似。

5.3.2 Sagan-Pollack近似法

此方法由（3-37）開始，先將其下標省略可得：

$$\mu\frac{dI(\tau,\mu)}{d\tau} = I(\tau,\mu) - \frac{\widetilde{\omega}}{2}\int_{-1}^1 I(\tau,\mu')P(\mu,\mu')d\mu' \qquad （5\text{-}64）$$

Lyzenga（1973）認為在求解（5-64）式時，應利用二點高斯求積公式（two-point Gaussian quadrature formula）在個別半球計算（5-64）式中的積分項，此時最合適的μ值為$\pm\frac{1}{\sqrt{3}}$（Chandrasekhar, 1960），所以（5-64）式可寫成：

$$\frac{1}{\sqrt{3}}\frac{dI^{\uparrow}(\tau)}{d\tau} = I^{\uparrow}(\tau) - \frac{\widetilde{\omega}}{2}\int_{-1}^{1}I(\tau,\mu')P\left(\frac{1}{\sqrt{3}},\mu'\right)d\mu' \qquad (5\text{-}65)$$

及

$$-\frac{1}{\sqrt{3}}\frac{dI^{\downarrow}(\tau)}{d\tau} = I^{\downarrow}(\tau) - \frac{\widetilde{\omega}}{2}\int_{-1}^{1}I(\tau,\mu')P\left(-\frac{1}{\sqrt{3}},\mu'\right)d\mu' \qquad (5\text{-}66)$$

依據高斯求積公式

$$\int_{-1}^{1}f(x)dx \approx \sum_{j=-n}^{n}a_{j}f(x_{j}) \qquad (5\text{-}67)$$

其中權重a_j為：

$$a_{j} = \frac{1}{P_{2n}'(x_{j})}\int_{-1}^{1}\frac{P_{2n}(x)}{x-x_{j}}dx \qquad (5\text{-}68)$$

則可得到二點高斯求積公式為：

$$\int_{-1}^{1}f(x)dx \approx \sum_{j=1}^{2}a_{j}f(x_{j}) \qquad , \qquad \left(a_{j}=1\,,\,x_{j}=\pm\frac{1}{\sqrt{3}}\right)$$
$$= f\left(\frac{1}{\sqrt{3}}\right) + f\left(-\frac{1}{\sqrt{3}}\right)$$

可將（5-65）式及（5-66）式的積分項表示為：

$$\int_{-1}^{1} I(\tau, \mu') P\left(\frac{1}{\sqrt{3}}, \mu'\right) d\mu' \approx I^{\uparrow}(\tau) P\left(\frac{1}{\sqrt{3}}, \frac{1}{\sqrt{3}}\right) + I^{\downarrow}(\tau) P\left(\frac{1}{\sqrt{3}}, -\frac{1}{\sqrt{3}}\right) \quad （5\text{-}69）$$

$$\int_{-1}^{1} I(\tau, \mu') P\left(-\frac{1}{\sqrt{3}}, \mu'\right) d\mu' \approx I^{\uparrow}(\tau) P\left(-\frac{1}{\sqrt{3}}, \frac{1}{\sqrt{3}}\right) + I^{\downarrow}(\tau) P\left(-\frac{1}{\sqrt{3}}, -\frac{1}{\sqrt{3}}\right) \quad （5\text{-}70）$$

由（2-48）式及（2-49）式之相位函數二項展開式

$$P(\mu, \mu') = \sum_{\ell=0}^{N} \widetilde{\omega}_{\ell} P_{\ell}(\mu) P_{\ell}(\mu')$$
$$= 1 + \widetilde{\omega}_1 \mu\mu'$$

可將（5-69）式及（5-70）式之等號右側寫為：

$$I^{\uparrow}(\tau)\left(1 + \frac{\widetilde{\omega}_1}{3}\right) + I^{\downarrow}(\tau)\left(1 - \frac{\widetilde{\omega}_1}{3}\right)$$

及

$$I^{\uparrow}(\tau)\left(1 - \frac{\widetilde{\omega}_1}{3}\right) + I^{\downarrow}(\tau)\left(1 + \frac{\widetilde{\omega}_1}{3}\right)$$

所以（5-65）和（5-66）式可寫成：

$$\frac{1}{\sqrt{3}} \frac{dI^{\uparrow}(\tau)}{d\tau} = I^{\uparrow}(\tau) - \widetilde{\omega}(1-b)I^{\uparrow}(\tau) - \widetilde{\omega}bI^{\downarrow}(\tau) \quad （5\text{-}71）$$

及

$$-\frac{1}{\sqrt{3}}\frac{dI^{\downarrow}(\tau)}{d\tau}=I^{\downarrow}(\tau)-\widetilde{\omega}\,bI^{\uparrow}(\tau)-\widetilde{\omega}(1-b)I^{\downarrow}(\tau) \quad（5\text{-}72）$$

其中

$$b=\frac{1}{2}\left(1-\frac{\widetilde{\omega}_1}{3}\right) \qquad（5\text{-}73）$$

（5-71）式及（5-72）式為雙流方程式的 S-P 形式。另外，可利用 Henyey - Greenstein 相位函數中的非對稱因子 g 估算 $\widetilde{\omega}_1$，從（2-51）式和（2-53）式可知，g 為相位函數的一階矩（first moment），故

$$g=\frac{1}{2}\int_{-1}^{1}\mu P(\mu)d\mu \qquad（5\text{-}74）$$

又由（3-26）式

$$P(\mu)=\sum_{j=0}^{N}\widetilde{\omega}_j P_j(\mu)$$

可得到非對稱因子為：

$$g = \frac{1}{2} \int_{-1}^{1} \mu \sum_{j=0}^{N} \widetilde{\omega}_{j} P_{j}(\mu) d\mu$$

$$= \frac{1}{2} \sum_{j=1}^{N} \widetilde{\omega}_{j} \int_{-1}^{1} \mu P_{j}(\mu) d\mu$$

$$= \frac{1}{2} \sum_{j=1}^{N} \widetilde{\omega}_{j} \int_{-1}^{1} P_{1}(\mu) P_{j}(\mu) d\mu = 0 \quad , \quad (j \neq 0)$$

$$= \frac{1}{2} \widetilde{\omega}_{1} \int_{-1}^{1} \mu^{2} d\mu = \frac{\widetilde{\omega}_{1}}{3} \quad , \quad (j = 1) \qquad （5-75）$$

所以 b 可定義為：

$$b = \frac{1}{2}(1 - g) \qquad （5-76）$$

5.3.3 Coakley-Chýlek近似法

Coakley and Chýlek（1975）假設 $I^{\uparrow}$ 和 $I^{\downarrow}$ 皆與 μ 無關，則可由（5-24）式的反散射分量將（5-4）式和（5-6）式表示為：

$$\mu \frac{dI^{\uparrow}(\tau)}{d\tau} = I^{\uparrow}(\tau) - \widetilde{\omega}[1 - \beta(\mu)]I^{\uparrow}(\tau) - \widetilde{\omega}\beta(\mu)I^{\downarrow}(\tau) \qquad （5-77）$$

$$-\mu \frac{dI^{\downarrow}(\tau)}{d\tau} = I^{\downarrow}(\tau) - \widetilde{\omega}\beta(\mu)I^{\uparrow}(\mu) - \widetilde{\omega}[1 - \beta(\mu)]I^{\downarrow}(\tau) \qquad （5-78）$$

（5-77）式和（5-78）式即為 C-C 近似法微分方程所表示之總輻射強度向上和向下分量的雙流近似。

5.4 雙流方程的解

將（5-62）式與（5-63）式（S-S 近似法）、（5-71）式與（5-72）式（S-P 近似法）、（5-77）式與（5-78）式（C-C 近似法）分別比較後發現這三種方法皆具有相同的代數形式，可表示為：

$$\mu_1 \frac{dI^{\uparrow}(\tau)}{d\tau} = I^{\uparrow}(\tau) - \widetilde{\omega}(1-\gamma)I^{\uparrow}(\tau) - \widetilde{\omega}\gamma I^{\downarrow}(\tau) \qquad （5-79）$$

$$-\mu_1 \frac{dI^{\downarrow}(\tau)}{d\tau} = I^{\downarrow}(\tau) - \widetilde{\omega}\gamma I^{\uparrow}(\tau) - \widetilde{\omega}(1-\gamma)I^{\downarrow}(\tau) \qquad （5-80）$$

其中係數μ_1及γ分別如表5-3所示。

表5-3 三種近似解法的微分方程係數值（ Buglia, 1986 ）

Solution method	μ_1	γ
S-S	1/2	$\bar{\beta}$
S-P	$1/\sqrt{3}$	b
C-C	μ	$\beta(\mu)$

（5-79）式和（5-80）式的物理意義將說明如下。在（5-79）式中，是假設當高度自z增加到$z + dz$時，光程τ將會減少$d\tau$。若將（5-79）式改寫為：

$$\mu_1 \frac{dI^{\uparrow}(\tau)}{d\tau} = (1 - \widetilde{\omega})I^{\uparrow}(\tau) + \widetilde{\omega}\,\gamma\,I^{\uparrow}(\tau) - \widetilde{\omega}\,\gamma\,I^{\downarrow}(\tau) \quad （5\text{-}81）$$

等號右側第一項表示從z到$z + dz$間大氣所吸收的向上輻射（減少的輻射量），第二項表示向上輻射被反散射的量（減少的輻射量），第三項表示向下輻射被反散射而進入向上輻射方向的量（增加的輻射量）。

為了求解方便，將（5-79）式和（5-80）式改寫為下列形式：

$$\left\{ \mu_1 \frac{d}{d\tau} - [1 - \widetilde{\omega}(1 - \gamma)] \right\} I^{\uparrow}(\tau) = -\widetilde{\omega}\,\gamma\,I^{\downarrow}(\tau) \quad （5\text{-}82）$$

$$\left\{ \mu_1 \frac{d}{d\tau} + [1 - \widetilde{\omega}(1 - \gamma)] \right\} I^{\downarrow}(\tau) = \widetilde{\omega}\,\gamma\,I^{\uparrow}(\tau) \quad （5\text{-}83）$$

將（5-82）式代入（5-83）式得：

$$\left\{ \mu_1 \frac{d}{d\tau} + [1 - \widetilde{\omega}(1 - \gamma)] \right\} \left\{ \mu_1 \frac{d}{d\tau} - [1 - \widetilde{\omega}(1 - \gamma)] \right\} \left(\frac{-1}{\widetilde{\omega}\gamma} \right) I^{\uparrow}(\tau) = \widetilde{\omega}\,\gamma\,I^{\uparrow}(\tau)$$

$$\left\{ \mu_1^2 \frac{d^2}{d\tau^2} - [1 - \widetilde{\omega}(1 - \gamma)]^2 + \widetilde{\omega}^2\gamma^2 \right\} I^{\uparrow}(\tau) = 0$$

$$\left\{ \frac{d^2}{d\tau^2} - \frac{\left[1 - \widetilde{\omega}(1-\gamma)\right]^2}{\mu_1^2} + \frac{\widetilde{\omega}^2\gamma^2}{\mu_1^2} \right\} I^{\uparrow}(\tau) = 0 \qquad (5\text{-}84)$$

令

$$\alpha = \frac{1 - \widetilde{\omega}(1-\gamma)}{\mu_1} \qquad (5\text{-}85)$$

$$\beta = \frac{\widetilde{\omega}\gamma}{\mu_1} \qquad (5\text{-}86)$$

$$\xi^2 = \alpha^2 - \beta^2 \qquad (5\text{-}87)$$

則（5-84）式可寫成：

$$\left(\frac{d^2}{d\tau^2} - \xi^2 \right) I^{\uparrow}(\tau) = 0 \qquad (5\text{-}88)$$

（5-88）式的解為：

$$I^{\uparrow}(\tau) = Ae^{\xi\tau} + Be^{-\xi\tau} \qquad (5\text{-}89)$$

將（5-89）式代入（5-82）式可得：

$$\mu_1 A\xi e^{\xi\tau} - \mu_1 B\xi e^{-\xi\tau} - \left[1 - \widetilde{\omega}(1-\gamma)\right]\left(A\xi e^{\xi\tau} + B\xi e^{-\xi\tau}\right) = -\widetilde{\omega}\gamma I^{\downarrow}(\tau) \qquad (5\text{-}90)$$

其解為：

$$I^{\downarrow}(\tau)=\left[-\frac{\mu_1\xi}{\widetilde{\omega}\gamma}+\frac{\left[1-\widetilde{\omega}(1-\gamma)\right]}{\widetilde{\omega}\gamma}\right]Ae^{\xi\tau}+\left[\frac{\mu_1\xi}{\widetilde{\omega}\gamma}+\frac{\left[1-\widetilde{\omega}(1-\gamma)\right]}{\widetilde{\omega}\gamma}\right]Be^{-\xi\tau}$$ （5-91）

$$=Awe^{\xi\tau}+Bve^{-\xi\tau}$$

其中

$$w=\frac{\alpha-\xi}{\beta}$$ （5-92）

$$v=\frac{\alpha+\xi}{\beta}$$ （5-93）

大氣的上下邊界條件為：

在大氣層頂部時

$$I^{\downarrow}(0)=I_0$$ （5-94）

在大氣層底部時

$$I^{\uparrow}(\tau^*)=0$$ （5-95）

則

$$I^{\downarrow}(0) = I_0 = Aw + Bv$$

$$I^{\uparrow}\left(\tau^*\right) = 0 = Ae^{\xi\tau^*} + Be^{-\xi\tau^*}$$

求解 A、B 可得：

$$A = I_0 \frac{-e^{-\xi\tau^*}}{ve^{\xi\tau^*} - we^{-\xi\tau^*}}$$

$$B = I_0 \frac{e^{\xi\tau^*}}{ve^{\xi\tau^*} - we^{-\xi\tau^*}}$$

將 A 與 B 代入（5-89）式及（5-91）式，可得到輻射強度解的形式為：

$$I^{\uparrow}(\tau) = I_0 \left[\frac{e^{-\xi(\tau^*-\tau)} - e^{\xi(\tau^*-\tau)}}{we^{-\xi\tau^*} - ve^{\xi\tau^*}} \right] \qquad （5\text{-}96）$$

$$I^{\downarrow}(\tau) = I_0 \left[\frac{we^{-\xi(\tau^*-\tau)} - ve^{\xi(\tau^*-\tau)}}{we^{-\xi\tau^*} - ve^{\xi\tau^*}} \right] \qquad （5\text{-}97）$$

所以反射函數為：

$$R = \frac{I^{\uparrow}(0)}{I_0} = \frac{e^{-\xi\tau^*} - e^{\xi\tau^*}}{we^{-\xi\tau^*} - ve^{\xi\tau^*}} \qquad （5\text{-}98）$$

透射函數為：

$$T = \frac{I^{\downarrow}(\tau^*)}{I_0} = \frac{w - v}{we^{-\xi\tau^*} - ve^{\xi\tau^*}} \qquad （5\text{-}99）$$

5.4.1 散射守恆（conservative scattering，$\tilde{\omega} = 1$）的解

在沒有吸收的散射守恆情況下($\tilde{\omega} = 1$)，由（5-85）式及（5-86）式可知$\alpha = \beta$，再由（5-87）式可得到$\xi = 0$。故無法直接使用（5-96）式和（5-97）式求解，必須從（5-79）式和（5-80）式中，假設$\tilde{\omega} = 1$以進一步求解，如下所示：

$$\mu_1 \frac{dI^{\uparrow}(\tau)}{d\tau} = \gamma I^{\uparrow}(\tau) - \gamma I^{\downarrow}(\tau) \qquad （5\text{-}100）$$

$$-\mu_1 \frac{dI^{\downarrow}(\tau)}{d\tau} = \gamma I^{\downarrow}(\tau) - \gamma I^{\uparrow}(\tau) \qquad （5\text{-}101）$$

上面二式中等號右側僅差一個負號，表示向上和向下的輻射受大氣的影響量是相同的，可視為常數，如下所示：

$$\gamma I^{\uparrow}(\tau) - \gamma I^{\downarrow}(\tau) = M \qquad （5\text{-}102）$$

其中M為常數，將（5-102）式帶入（5-100）式及（5-101）式後，分別求解$I^{\uparrow}(\tau)$及$I^{\downarrow}(\tau)$，可得到：

$$I^\uparrow(\tau) = \frac{M\tau}{\mu_1} + B \qquad (5\text{-}103)$$

$$I^\downarrow(\tau) = \frac{M\tau}{\mu_1} + B' \qquad (5\text{-}104)$$

其中B和B'為對τ積分之後的常數項。將（5-103）式和（5-104）式代入（5-102）式，又因為對所有τ而言，M均為常數，所以取$\tau = 0$，可求得M值為：

$$M = \gamma(B - B')$$

將M代入（5-103）式和（5-104）式可得到：

$$I^\uparrow(\tau) = B\left(1 + \frac{\gamma\tau}{\mu_1}\right) - \frac{\gamma\tau}{\mu_1}B' \qquad (5\text{-}105)$$

$$I^\downarrow(\tau) = \frac{\gamma\tau}{\mu_1}B + \left(1 - \frac{\gamma\tau}{\mu_1}\right)B' \qquad (5\text{-}106)$$

從邊界條件（5-94）式及（5-95）式可得：

$$I^\downarrow(0) = I_0 = B'$$

$$I^{\uparrow}\left(\tau^*\right) = 0 = B\left(1 + \frac{\gamma\tau^*}{\mu_1}\right) - \frac{\gamma\tau^*}{\mu_1} B'$$

故可求得：

$$B = I_0 \frac{\dfrac{\gamma\tau^*}{\mu_1}}{1 + \dfrac{\gamma\tau^*}{\mu_1}}$$

將 B 及 B' 代入（5-105）式及（5-106）式，可求得散射守恆情況下的雙流近似解如下：

$$I^{\uparrow}(\tau) = I_0\left[\frac{\dfrac{\gamma}{\mu_1}\left(\tau^* - \tau\right)}{1 + \dfrac{\gamma\tau^*}{\mu_1}}\right] \qquad （5\text{-}107）$$

$$I^{\downarrow}(\tau) = I_0\left[1 - \frac{\dfrac{\gamma\tau}{\mu_1}}{1 + \dfrac{\gamma\tau^*}{\mu_1}}\right] \qquad （5\text{-}108）$$

由（5-107）式可求得反射函數為：

$$R = \frac{I^\uparrow(0)}{I_0} = \frac{\dfrac{\gamma\tau^*}{\mu_1}}{1 + \dfrac{\gamma\tau^*}{\mu_1}} \qquad (5\text{-}109)$$

由（5-108）式則可求得透射函數為：

$$T = \frac{I^\downarrow(\tau^*)}{I_0} = \frac{1}{1 + \dfrac{\gamma\tau^*}{\mu_1}} \qquad (5\text{-}110)$$

在散射守恆的情況下，沒有吸收作用，所以 $R + T = 1$。則當 $\tau^* \to \infty$ 且 $\tilde{\omega} = 1$ 時

$$R(\tau^* \to \infty) = 1 \quad , \qquad (\tilde{\omega} = 1)$$

$$T(\tau^* \to \infty) = 0 \quad , \qquad (\tilde{\omega} = 1)$$

表示當光程為無限大，且單次散射反照率為1時，代表沒有吸收作用，且所有入射輻射都被大氣反射，因而無法透射。

5.4.2 漫射分量的解

到目前為止，雙流解已包含了直射分量與漫射分量（總輻射強度）。以下依據Liou（1980）所採用的方式來討論單純漫射分量的解。

根據（3-48）式，也就是在方位角對稱之假設下，利用勒壤得級

數展開之漫射輻射強度方程為：

$$\mu \frac{dI(\tau,\mu)}{d\tau} = I(\tau,\mu) - \frac{\widetilde{\omega}}{2} \sum_{\ell=0}^{N} \widetilde{\omega}_\ell P_\ell(\mu) \int_{-1}^{1} P_\ell(\mu') I(\tau,\mu') d\mu'$$
$$- \frac{\widetilde{\omega}}{4} F_0 e^{-\tau/\mu_0} \sum_{\ell=0}^{N} \widetilde{\omega}_\ell P_\ell(\mu) P_\ell(-\mu_0) \qquad （5\text{-}111）$$

依據高斯求積公式

$$\int_{-1}^{1} f(x) dx \approx \sum_{j=-n}^{n} a_j f(x_j) \qquad （5\text{-}112）$$

其中權重a_j為：

$$a_j = \frac{1}{P'_{2n}(x_j)} \int_{-1}^{1} \frac{P_{2n}(x)}{x - x_j} dx \qquad （5\text{-}113）$$

而x_j是使得偶數項勒壤得多項式為0時所得到的解。又由於高斯分布是左右對稱的，所以

$$a_{-j} = a_j \quad , \quad x_{-j} = -x_j \quad , \quad \sum_{j=-n}^{n} a_j = 2$$

再由勒壤得多項式的性質可知

$$P_n(-x) = (-1)^n P_n(x)$$

所以在 μ_i 方向的輻射強度方程可根據（5-111）式寫成：

$$\mu_i \frac{dI(\tau, \mu_i)}{d\tau} = I(\tau, \mu_i) - \frac{\widetilde{\omega}}{2} \sum_{\ell=0}^{N} \widetilde{\omega}_\ell P_\ell(\mu_i) \sum_{j=-n}^{n} a_j P_\ell(\mu_j) I(\tau, \mu_j)$$
$$-\frac{\widetilde{\omega}}{4} F_0 \sum_{\ell=0}^{N} (-1)^\ell \widetilde{\omega}_\ell P_\ell(\mu_i) P_\ell(-\mu_0) e^{-\tau/\mu_0} \tag{5-114}$$

為了簡化與求解（5-114）式，在此採用雙流解的形式，即為 $i = \pm 1$、$N = 1$，可得到 $a_1 = a_{-1} = 1$、$\mu_1 = \frac{1}{\sqrt{3}}$。若再將（5-114）式移項，且 $I^\uparrow(\tau) = I(\tau, \mu_1)$、$I^\downarrow(\tau) = I(\tau, -\mu_1)$，則可將（5-114）式分解成以下兩個方程式：

$$\mu_1 \frac{dI^\uparrow(\tau)}{d\tau} = I^\uparrow(\tau) - \widetilde{\omega}(1-b)I^\uparrow(\tau) - \widetilde{\omega}bI^\downarrow(\tau) - S^- e^{-\tau/\mu_0} \tag{5-115}$$

$$-\mu_1 \frac{dI^\downarrow(\tau)}{d\tau} = I^\downarrow(\tau) - \widetilde{\omega}(1-b)I^\downarrow(\tau) - \widetilde{\omega}bI^\uparrow(\tau) - S^+ e^{-\tau/\mu_0} \tag{5-116}$$

其中

$$g = \frac{\widetilde{\omega}}{3}$$

$$b = \frac{1}{2}(1-g)$$

$$S^{\pm} = \frac{\widetilde{\omega}}{4} F_0 \left(1 \pm 3g\mu_0\mu_1\right)$$

在（5-115）式及（5-116）式中，假設

$$C = I^{\uparrow}(\tau) + I^{\downarrow}(\tau) \quad , \qquad D = I^{\uparrow}(\tau) - I^{\downarrow}(\tau) \quad （5\text{-}117）$$

將（5-117）式代入（5-115）式和（5-116）式後，分別求解$\mu_1\frac{dC}{d\tau}$及$\mu_1\frac{dD}{d\tau}$，可得到：

$$\mu_1\frac{dC}{d\tau} = D\left(1 - \widetilde{\omega}g\right) - \left(S^- - S^+\right)e^{-\tau/\mu_0} \qquad （5\text{-}118）$$

$$\mu_1\frac{dD}{d\tau} = C\left(1 - \widetilde{\omega}\right) - \left(S^- + S^+\right)e^{-\tau/\mu_0} \qquad （5\text{-}119）$$

將（5-118）式和（5-119）式分別對τ微分可得到：

$$\mu_1\frac{d^2C}{d\tau^2} = \left(1 - \widetilde{\omega}g\right)\frac{dD}{d\tau} + \frac{\left(S^- - S^+\right)}{\mu_0}e^{-\tau/\mu_0} \qquad （5\text{-}120）$$

$$\mu_1\frac{d^2D}{d\tau^2} = \left(1 - \widetilde{\omega}\right)\frac{dC}{d\tau} + \frac{\left(S^- + S^+\right)}{\mu_0}e^{-\tau/\mu_0} \qquad （5\text{-}121）$$

將（5-118）式和（5-119）式分別代入（5-121）式及（5-120）式可得到：

$$\frac{d^2C}{d\tau^2} = k^2C + z_1 e^{-\tau/\mu_0} \qquad (5\text{-}122)$$

$$\frac{d^2D}{d\tau^2} = k^2D + z_2 e^{-\tau/\mu_0} \qquad (5\text{-}123)$$

其中

$$k^2 = \frac{(1-\widetilde{\omega})(1-\widetilde{\omega}g)}{\mu_1^2}$$

$$z_1 = -\frac{(1-\widetilde{\omega}g)(S^- + S^+)}{\mu_1^2} + \frac{(S^- - S^+)}{\mu_1\mu_0}$$

$$z_2 = -\frac{(1-\widetilde{\omega})(S^- - S^+)}{\mu_1^2} + \frac{(S^- + S^+)}{\mu_1\mu_0}$$

（5-122）式和（5-123）式為二階常微分方程，可先求其通解，再加上一個特解，如此將有4個待求常數，但 C 與 D 必須滿足（5-118）和（5-119）的一階微分齊次解，因此求得：

$$C = A_1 e^{k\tau} + A_2 e^{-k\tau} + \frac{\mu_0^2 z_1}{1 - k^2\mu_0^2} e^{-\tau/\mu_0} \qquad (5\text{-}124)$$

$$D = A_1 a e^{k\tau} - A_2 a e^{-k\tau} + \frac{\mu_0^2 z_2}{1 - k^2\mu_0^2} e^{-\tau/\mu_0} \qquad (5\text{-}125)$$

其中

$$a = \sqrt{\frac{1 - \widetilde{\omega}}{1 - \widetilde{\omega}g}}$$

而 A_1 及 A_2 為未知。所以將（5-124）式及（5-125）式代入（5-117）式中，並求解 $I^{\uparrow}(\tau)$ 及 $I^{\downarrow}(\tau)$，可得到：

$$I^{\uparrow}(\tau) = A_1 \left(\frac{1+a}{2} \right) e^{k\tau} + A_2 \left(\frac{1-a}{2} \right) e^{-k\tau} + \left(\frac{\alpha + \beta}{2} \right) e^{-\tau/\mu_0} \qquad （5\text{-}126）$$

$$I^{\downarrow}(\tau) = A_1 \left(\frac{1-a}{2} \right) e^{k\tau} + A_2 \left(\frac{1+a}{2} \right) e^{-k\tau} + \left(\frac{\alpha - \beta}{2} \right) e^{-\tau/\mu_0} \qquad （5\text{-}127）$$

其中

$$\alpha = \frac{\mu_0^2 z_1}{1 - k^2 \mu_0^2} \qquad , \qquad \beta = \frac{\mu_0^2 z_2}{1 - k^2 \mu_0^2}$$

若令

$$u = \frac{1-a}{2} \quad , \quad v = \frac{1+a}{2} \quad , \quad \lambda = \frac{\alpha - \beta}{2} \quad , \quad \varepsilon = \frac{\alpha + \beta}{2}$$

則

$$I^{\uparrow}(\tau) = A_1 v e^{k\tau} + A_2 u e^{-k\tau} + \varepsilon e^{-\tau/\mu_0} \qquad （5\text{-}128）$$

$$I^{\downarrow}(\tau) = A_1 u e^{k\tau} + A_2 v e^{-k\tau} + \lambda e^{-\tau/\mu_0} \qquad （5\text{-}129）$$

由大氣層頂和底部的漫射分量邊界條件

$$I^{\downarrow}(0) = I^{\uparrow}(\tau^*) = 0$$

可利用（5-128）式及（5-129）式求得A_1與A_2如下：

$$A_1 = \frac{\varepsilon v e^{-\tau^*/\mu_0} - \lambda u e^{-k\tau^*}}{u^2 e^{-k\tau^*} - v^2 e^{k\tau^*}}$$

$$A_2 = \frac{\lambda v e^{k\tau^*} - \varepsilon u e^{-\tau^*/\mu_0}}{u^2 e^{-k\tau^*} - v^2 e^{k\tau^*}}$$

在第三章中所提到的光譜通量方程（（3-65）式和（3-66）式），可分解為向上及向下分量如下：

$$F^{\uparrow}(\tau) = 2\pi \int_0^1 \mu I^{\uparrow}(\tau) d\mu = 2\pi \mu_1 I^{\uparrow}(\tau) \qquad （5\text{-}130）$$

$$F^{\downarrow}(\tau) = 2\pi \int_0^1 \mu I^{\downarrow}(\tau) d\mu = 2\pi \mu_1 I^{\downarrow}(\tau) \qquad （5\text{-}131）$$

則

$$F^{\uparrow}(0) = 2\pi\mu_1 I^{\uparrow}(0) \qquad\qquad (5\text{-}132)$$

$$F^{\downarrow}(\tau^*) = 2\pi\mu_1 I^{\downarrow}(\tau^*) \qquad\qquad (5\text{-}133)$$

從（4-15）式知，太陽入射總光譜通量為$\pi F_0\mu_0$，所以漫射分量的行星反照率為：

$$
\begin{aligned}
r(\mu_0) &= \frac{F^{\uparrow}(0)}{\pi F_0\mu_0} \\
&= \frac{2\mu_1}{H}\left[\left(v^2 - u^2\right)\left(\frac{G_2 - G_1}{2}\right)e^{-\tau^*/\mu_0} + uv\left(\frac{G_1 + G_2}{2}\right)\left(e^{-k\tau^*} - e^{k\tau^*}\right)\right] \quad (5\text{-}134) \\
&\quad + 2\mu_1\left(\frac{G_2 - G_1}{2}\right)
\end{aligned}
$$

其中

$$G_1 = \frac{\widetilde{\omega}\mu_0}{1 - k^2\mu_0^2}\left(\frac{3}{2}g + \frac{1 - \widetilde{\omega}g}{2\mu_1^2}\right)$$

$$G_2 = \frac{\widetilde{\omega}}{1 - k^2\mu_0^2}\left[\frac{1}{2\mu_1} + \frac{3}{2}g\frac{\mu_0^2}{\mu_1}\left(1 - \widetilde{\omega}\right)\right]$$

$$H = u^2 e^{-k\tau^*} - v^2 e^{k\tau^*}$$

至於漫透射係數則為：

$$t(\mu_0) = \frac{F^{\downarrow}(\tau^*)}{\pi F_0 \mu_0}$$

$$= \frac{2\mu_1}{D}\left\{ uv\left(\frac{G_2 - G_1}{2}\right)\left[e^{-\tau^*\left(\frac{1}{\mu_0}-k\right)} - e^{\tau^*\left(\frac{1}{\mu_0}+k\right)}\right] + (u^2 - v^2)\left(\frac{G_2 + G_1}{2}\right)\right\} \quad （5\text{-}135）$$

$$-2\mu_1\left(\frac{G_2 + G_1}{2}\right)e^{-\tau^*/\mu_0}$$

而直射透射係數為 $e^{\frac{-\tau^*}{\mu_0}}$，所以總透射係數可表示為：

$$T(\mu_0) = t(\mu_0) + e^{-\tau^*/\mu_0} \quad （5\text{-}136）$$

假設在大氣光程為無限大時 $(\tau^* \to \infty)$，由（5-134）式可得到大氣的行星反照率為：

$$r(\mu_0) = 2\mu_1\left[\left(\frac{G_2 - G_1}{2}\right) + \frac{u}{v}\left(\frac{G_2 + G_1}{2}\right)\right] \quad （5\text{-}137）$$

將 G_1 和 G_2 代入（5-137）式可得：

$$r(\mu_0) = \frac{\tilde{\omega}}{2(1 - k^2\mu^2)}\left\{\left[1 + 3g\mu_0^2(1 - \tilde{\omega})\right]\left(1 + \frac{u}{v}\right) + \left[3g\mu_0\mu_1 + \frac{\mu_0}{\mu_1}(1 - \tilde{\omega}g)\right]\left(-1 + \frac{u}{v}\right)\right\}$$

此與前述散射守恆的的情況不同。在此 $\tilde{\omega} \neq 1$，大氣仍具有吸收作用，所以入射輻射無法全部反射離開大氣層頂。另外（5-134）式、（5-136）

式及（5-137）式的結果將會在下一節中和艾丁頓近似之結果進行比較。

至於在散射守恆($\widetilde{\omega} = 1$)的情況下，輻射傳送方程（5-115）式及（5-116）式可寫成：

$$\mu_1 \frac{dI^{\uparrow}(\tau)}{d\tau} = bI^{\uparrow}(\tau) - bI^{\downarrow}(\tau) - S^- e^{-\tau/\mu_0} \qquad （5\text{-}138）$$

$$\mu_1 \frac{dI^{\downarrow}(\tau)}{d\tau} = bI^{\uparrow}(\tau) - bI^{\downarrow}(\tau) + S^+ e^{-\tau/\mu_0} \qquad （5\text{-}139）$$

從（5-138）式得：

$$I^{\downarrow}(\tau) = -\frac{\mu_1}{b}\frac{dI^{\uparrow}(\tau)}{d\tau} + I^{\uparrow}(\tau) - \frac{S^-}{b} e^{-\tau/\mu_0} \qquad （5\text{-}140）$$

將（5-140）式代入（5-139）式得：

$$\frac{d^2 I^{\uparrow}(\tau)}{d\tau^2} = \left[\frac{S^-}{\mu_1 \mu_0} - \frac{b(S^+ + S^-)}{\mu_1^2} \right] e^{-\tau/\mu_0} \qquad （5\text{-}141）$$

由於 $\widetilde{\omega} = 1$，因此

$$S^+ + S^- = \frac{\widetilde{\omega}F_0(1 + 3g\mu_0\mu_1)}{4} + \frac{\widetilde{\omega}F_0(1 - 3g\mu_0\mu_1)}{4} = \frac{F_0}{2}$$

則（5-141）式可寫為：

$$\frac{d^2 I^{\uparrow}(\tau)}{d\tau^2} = \left(\frac{S^-}{\mu_1 \mu_0} - \frac{bF_0}{2\mu_1^2} \right) e^{-\tau/\mu_0} \qquad （5\text{-}142）$$

將（5-142）式積分，並且由

$$S^- = \frac{1}{4} F_0 \left(1 - 3g\mu_0\mu_1 \right) \qquad , \qquad \tilde{\omega} = 1$$

可以得到：

$$
\begin{aligned}
I^{\uparrow}(\tau) &= \left(\frac{S^-}{\mu_1 \mu_0} - \frac{bF_0}{2\mu_1^2} \right) \mu_0^2 e^{-\tau/\mu_0} + c_1 \tau + c_2 \\
&= F_0 \left(\frac{\mu_0}{4\mu_1} - \frac{3}{4} g\mu_0^2 - \frac{b\mu_0^2}{2\mu_1^2} \right) e^{-\tau/\mu_0} + c_1 \tau + c_2 \qquad （5\text{-}143） \\
&= F_0 \alpha_1 e^{-\tau/\mu_0} + c_1 \tau + c_2
\end{aligned}
$$

其中

$$\alpha_1 = \frac{1}{4} \frac{\mu_0}{\mu_1} \left(1 - 3g\mu_1\mu_0 - \frac{2b\mu_0}{\mu_1} \right)$$

將（5-143）式代入（5-140）式則可得到：

$$I^{\downarrow}(\tau) = \left(F_0\alpha_1 + \frac{\mu_1 F_0\alpha_1}{\mu_0 b} - \frac{S^-}{b} \right) e^{-\tau/\mu_0} + \left(\tau - \frac{\mu_1}{b} \right) c_1 + c_2$$

$$= F_0\beta_1 e^{-\tau/\mu_0} + \left(\tau - \frac{\mu_1}{b} \right) c_1 + c_2$$

（5-144）

其中

$$\beta_1 = -\frac{1}{4}\frac{\mu_0}{\mu_1}\left(1 + 3g\mu_1\mu_0 + \frac{2b\mu_0}{\mu_1} \right)$$

再由前述之大氣層頂和底部的漫射分量邊界條件

$$I^{\downarrow}(0) = I^{\uparrow}(\tau^*) = 0$$

可利用（5-143）式與（5-144）式求出c_1和c_2，分別為：

$$c_1 = \frac{1}{1+\dfrac{b\tau^*}{\mu_1}}\left(-\frac{b}{\mu_1}F_0\alpha_1 e^{-\tau^*/\mu_0} + \frac{b}{\mu_1}F_0\beta_1 \right)$$

$$c_2 = -F_0\alpha_1 e^{-\tau^*/\mu_0} + \frac{1}{1+\dfrac{b\tau^*}{\mu_1}}\left(\frac{b}{\mu_1}F_0\alpha_1 e^{-\tau_*/\mu_0} - \frac{b}{\mu_1}F_0\beta_1 \right)\tau^*$$

將c_1和c_2分別代入（5-143）式和（5-144）式，經過整理後得到：

$$I^{\uparrow}(\tau) = F_0 \alpha_1 e^{-\tau/\mu_0} + B_1 \left(1 + \frac{b\tau}{\mu_1} \right) - \frac{b\tau}{\mu_1} B_2 \qquad (\text{5-145})$$

$$I^{\downarrow}(\tau) = F_0 \beta_1 e^{-\tau/\mu_0} + B_1 \frac{b\tau}{\mu_1} + B_2 \left(1 - \frac{b\tau}{\mu_1} \right) \qquad (\text{5-146})$$

其中

$$B_1 = \frac{-1}{1 + \dfrac{b\tau^*}{\mu_1}} \left(\frac{\beta_1 F_0 b\tau^*}{\mu_1} + \alpha_1 F_0 e^{-\tau^*/\mu_0} \right)$$

$$B_2 = -\beta_1 F_0$$

所以，由（5-132）式可得到在大氣層頂向上的光譜通量為：

$$F^{\uparrow}(0) = 2\pi\mu_1 I^{\uparrow}(0) = \frac{2\pi\mu_0\mu_1 F_0}{1 + \dfrac{b\tau^*}{\mu_1}} \left[\frac{b\tau^*}{2\mu_1^2} + \frac{\alpha_1}{\mu_0} \left(1 - e^{-\tau^*/\mu_0} \right) \right] \qquad (\text{5-147})$$

則行星反照率為：

$$r(\mu_0) = \frac{F^{\uparrow}(0)}{\pi F_0 \mu_0}$$

$$= \frac{1}{1 + \dfrac{b\tau^*}{\mu_1}} \left[\frac{b\tau^*}{\mu_1} + \frac{1}{2}\left(1 - 3g\mu_0\mu_1 - 2b\frac{\mu_0}{\mu_1}\right)\left(1 - e^{-\tau^*/\mu_0}\right) \right] \quad (5\text{-}148)$$

由（5-148）式可看出，當 $\tau^* \to \infty$ 時，$r(\mu_0) \to 1$。

由（5-133）式，在 $\tau \to \tau^*$ 處時，向下光譜通量則為：

$$F^{\downarrow}(\tau^*) = 2\pi\mu_1 I^{\downarrow}(\tau^*)$$

$$= 2\pi\mu_1 \left[B_1 \frac{b\tau^*}{\mu_1} + B_2\left(1 - \frac{b\tau^*}{\mu_1}\right) + \beta_1 F_0 e^{-\tau^*/\mu_0} \right] \quad (5\text{-}149)$$

$$= \frac{\pi\mu_0 F_0}{1 + \dfrac{b\tau^*}{\mu_1}} \left[\frac{1}{2}\left(1 + 3g\mu_0\mu_1 + 2b\frac{\mu_0}{\mu_1}\right)\left(1 - e^{-\tau^*/\mu_0}\right) - \frac{b\tau^*}{\mu_1}e^{-\tau^*/\mu_0} \right]$$

因為散射守恆，所以漫透射函數為：

$$t(\mu_0) = 1 - r(\mu_0)$$

$$= \frac{1}{1 + \dfrac{b\tau^*}{\mu_1}} \left[\frac{1}{2}\left(1 + 3g\mu_0\mu_1 + 2b\frac{\mu_0}{\mu_1}\right)\left(1 - e^{-\tau^*/\mu_0}\right) + e^{-\tau^*/\mu_0} \right] \quad (5\text{-}150)$$

　　Acquista、House和Jafolla（1981）將Schuster的雙流法延伸為n流法，在這方法中並未假設方位角對稱。作者們將上下半球分成數個不相重疊的區塊（patch），然後再計算每個區塊的輻射流（radiance stream）。在Acquista、House和Jafolla（1981）的研究中，雖然沒有提供實際的計算結果，但此方法理論上，在精度相近時，所花費的計算時間將比其他近似精確解少，且在實際應用時，區塊的選擇有很大的靈活度。

第六章 輻射傳送方程的艾丁頓 （**Eddington**）近似解

　　導出艾丁頓近似解的基本微分方程之方法和雙流近似解有些微的不同。但是其求解的數學方法是很類似的，因此在本章中將不再詳述艾丁頓近似解之求解過程。

　　在雙流近似解中，將輻射強度分別以向上和向下分量來討論，而艾丁頓近似則將輻射強度及相位函數取二項勒壤得多項式展開，可得到：

$$I(\tau, \mu) = \sum_{k=0}^{1} I_k(\tau) P_k(\mu) = I_0(\tau) + \mu I_1(\tau) \qquad （6\text{-}1）$$

$$P(\mu, \mu') = \sum_{\ell=0}^{1} \widetilde{\omega}_\ell P_\ell(\mu) P_\ell(\mu') = 1 + \widetilde{\omega}_1 \mu \mu' \qquad （6\text{-}2）$$

　　由（6-1）式可知，輻射強度為μ的線性函數，其中I_0和I_1僅為τ的函數，而非μ的函數。在第三章中已推導出在方位角對稱之假設下，利用勒壤得級數展開之漫射輻射傳送方程如下：

$$\mu \frac{dI_\nu(\tau_\nu, \mu)}{d\tau_\nu} = I_\nu(\tau_\nu, \mu) - \frac{\widetilde{\omega}_\nu}{2} \sum_{\ell=0}^{N} \widetilde{\omega}_\ell P_\ell(\mu) \int_{-1}^{1} P_\ell(\mu') I_\nu(\tau_\nu, \mu') d\mu'$$

$$- \frac{\widetilde{\omega}_\nu}{4} F_0 e^{-\tau_\nu/\mu_0} \sum_{\ell=0}^{N} \widetilde{\omega}_\ell P_\ell(\mu) P_\ell(-\mu_0)$$

（6-3）

令 $N = 1$，則可得到類似雙流近似的微分方程

$$\mu \frac{dI(\tau, \mu)}{d\tau} = I(\tau, \mu) - \frac{\widetilde{\omega}}{2} [\widetilde{\omega}_0 P_0(\mu) \int_{-1}^{1} P_0(\mu') I(\tau, \mu') d\mu'$$

$$+ \widetilde{\omega}_1 P_1(\mu) \int_{-1}^{1} P_1(\mu') I(\tau, \mu') d\mu']$$

（6-4）

$$- \frac{\widetilde{\omega}}{4} F_0 e^{-\tau/\mu_0} [\widetilde{\omega}_0 P_0(\mu) P_0(-\mu_0) + \widetilde{\omega}_1 P_1(\mu) P_1(-\mu_0)]$$

由（6-2）式相位函數取勒壤得多項式的二項展開，可將（6-4）式改寫為：

$$\mu \frac{dI(\tau, \mu)}{d\tau} = I(\tau, \mu) - \frac{\widetilde{\omega}}{2} \left[\int_{-1}^{1} I(\tau, \mu') d\mu' + \widetilde{\omega}_1 \mu \int_{-1}^{1} \mu' I(\tau, \mu') d\mu' \right]$$

$$- \frac{\widetilde{\omega}}{4} F_0 e^{-\tau/\mu_0} (1 - \widetilde{\omega}_1 \mu \mu_0)$$

（6-5）

　　由艾丁頓之方法求解輻射傳送方程也可以導出如同雙流近似的解，但是用來導出艾丁頓解和雙流解的基本微分方程是不同的。對艾丁頓近似解來說，在大氣的上下兩邊界，雖然在物理上可滿足光譜通量的邊界條件，但無法完全滿足輻射強度的邊界條件。此外艾丁頓近似解採用二項展開的相位函數，其在散射上具較高的準確度，而且接

近均向性。這種情形主要是在光程較厚之大氣中，經過多次散射而產生（Irvine, 1968）。亦即在經過多次散射後，相位函數所呈現的尖銳分布將會變得較為光滑，且散射將較為接近均向性。因此，艾丁頓解對於具有非常厚的光程之大氣有較高的準確度。

對（6-1）式艾丁頓之假設積分後，可得到：

$$\int_{-1}^{1} I(\tau, \mu') \, d\mu' = 2I_0(\tau) \qquad （6-6）$$

$$\int_{-1}^{1} \mu' I(\tau, \mu') \, d\mu' = \frac{2}{3} I_1(\tau) \qquad （6-7）$$

又由（5-75）式知，非對稱參數可表示為：

$$g = \frac{1}{3} \widetilde{\omega}_1$$

所以（6-5）式可寫成：

$$\mu \frac{d}{d\tau} \left[I_0 + \mu I_1(\tau) \right] = I_0(\tau) + \mu I_1(\tau) - \widetilde{\omega} \left[I_0(\tau) + g\mu I_1(\tau) \right]$$
$$- \frac{\widetilde{\omega}}{4} F_0 e^{-\tau/\mu_0} \left(1 - 3g\mu\mu_0 \right) \qquad （6-8）$$

上式可分解成 $I_0(\tau)$ 和 $I_1(\tau)$ 的微分方程。首先將（6-8）式乘上 $d\mu$ 後，再對 μ 由 -1 積分至 1 可得到：

$$\frac{dI_1(\tau)}{d\tau} = 3(1-\widetilde{\omega})I_0(\tau) - \frac{3}{4}\widetilde{\omega}F_0 e^{-\tau/\mu_0} \qquad (6\text{-}9)$$

將（6-8）式乘 $\mu d\mu$ 再對 μ 自-1積分至1可得到：

$$\frac{dI_0(\tau)}{d\tau} = (1-\widetilde{\omega}g)I_1(\tau) + \frac{3}{4}\widetilde{\omega}F_0 g\mu_0 e^{-\tau/\mu_0} \qquad (6\text{-}10)$$

（6-9）式和（6-10）式為一組偶合（coupled）之常係數線性常微分方程（linear ordinary differential equations）。利用與雙流解相同之解法，可求得（6-9）式與（6-10）式之解為：

$$I_0(\tau) = Ae^{k\tau} + Be^{-k\tau} + \alpha e^{-\tau/\mu_0} \qquad (6\text{-}11)$$

$$I_1(\tau) = aAe^{k\tau} - aBe^{-k\tau} + \beta e^{-\tau/\mu} \qquad (6\text{-}12)$$

其中

$$a^2 = \frac{3(1-\widetilde{\omega})}{1-\widetilde{\omega}g}$$

$$\alpha = -\frac{3}{4}\widetilde{\omega}F_0\left(\frac{G_0\mu_0^2}{1-k^2\mu_0^2}\right)$$

$$\beta = \frac{3}{4}\widetilde{\omega}F_0\left(\frac{G_1\mu_0^2}{1-k^2\mu_0^2}\right)$$

$$k^2 = 3(1 - \widetilde{\omega})(1 - \widetilde{\omega}g)$$

而

$$G_0 = 1 + g - \widetilde{\omega}g$$

$$G_1 = 3(1 - \widetilde{\omega})g\mu_0 + \frac{1}{\mu_0}$$

雙流解中採用的輻射強度邊界條件

$$I^{\downarrow}(0) = 0 \quad , \quad I^{\uparrow}(\tau^*) = 0$$

在此是不適用的，這是因為（6-1）式是輻射強度的勒壤得多項式前二項展開

$$I(\tau, \mu) = I_0(\tau)P_0(\mu) + I_1(\tau)P_1(\mu) = I_0(\tau) + \mu I_1(\tau)$$

如果使用此邊界條件，將會得到以下兩個方程式：

$$(A + B + \alpha) + \mu'(aA - aB + \beta) = 0$$

$$\left(Ae^{k\tau^*} + Be^{-k\tau^*} + \alpha e^{-\tau^*/\mu_0}\right) + \mu''\left(aAe^{k\tau^*} + aBe^{-k\tau^*} + \beta e^{-\tau^*/\mu_0}\right) = 0$$

如此會有兩個方程式及四個未知數 A、B、μ' 及 μ''，所以無法在輻射強度上取邊界條件以求解。但可將邊界條件用於通量形式的解。根據通量的定義及（6-1）式，可得到：

$$F^{\uparrow}(\tau) = 2\pi \int_0^1 \mu I(\tau, \mu) d\mu = \pi \left[I_0(\tau) + \frac{2}{3} I_1(\tau) \right] \quad （6\text{-}13）$$

$$F^{\downarrow}(\tau) = 2\pi \int_{-1}^0 \mu I(\tau, \mu) d\mu = \pi \left[I_0(\tau) - \frac{2}{3} I_1(\tau) \right] \quad （6\text{-}14）$$

將（6-11）式和（6-12）式代入（6-13）式和（6-14）式可得：

$$F^{\uparrow}(\tau) = Ave^{k\tau} + Bue^{-k\tau} + \varepsilon e^{-\tau/\mu_0} \quad （6\text{-}15）$$

$$F^{\downarrow}(\tau) = Ave^{k\tau} + Bue^{-k\tau} + \gamma e^{-\tau/\mu_0} \quad （6\text{-}16）$$

其中

$$v = \pi \left(1 + \frac{2}{3} a \right)$$

$$u = \pi \left(1 - \frac{2}{3} a \right)$$

$$\varepsilon = \pi \left(\alpha + \frac{2}{3} \beta \right)$$

$$\gamma = \pi\left(\alpha - \frac{2}{3}\beta\right)$$

由光譜通量的邊界條件

$$F^{\uparrow}(\tau^*) = 0 \qquad , \qquad F^{\downarrow}(0) = 0$$

可求解（6-15）式及（6-16）式中的 A 及 B

$$A = \frac{v\varepsilon e^{-\tau^*/\mu_0} - \gamma u e^{-k\tau^*}}{u^2 e^{-k\tau^*} - v^2 e^{k\tau^*}}$$

$$B = \frac{v\gamma e^{+k\tau^*} - u\varepsilon e^{-\tau^*/\mu_0}}{u^2 e^{-k\tau^*} - v^2 e^{k\tau^*}}$$

則艾丁頓解的行星反照率及漫透射係數分別為：

$$
\begin{aligned}
r(\mu_0) &= \frac{F^{\uparrow}(0)}{\pi F_0 \mu_0} \\
&= \frac{1}{D}\left[L_1\left(v^2 - u^2\right)e^{-\tau^*/\mu_0} - L_2 uv\left(e^{-k\tau^*} - e^{k\tau^*}\right)\right] + L_1
\end{aligned}
\qquad （6-17）
$$

$$t(\mu_0) = \frac{F^{\downarrow}(\tau^*)}{\pi F_0 \mu_0}$$

$$= \frac{1}{D}\left[L_2(v^2 - u^2) + L_1 uv\left(e^{-\tau^*\left(\frac{1}{\mu_0}-k\right)} - e^{-\tau^*\left(\frac{1}{\mu_0}+k\right)}\right)\right] + L_2 e^{-\tau^*/\mu_0} \qquad （6\text{-}18）$$

其中

$$L_1 = \frac{\tilde{\omega}}{2}\left[\frac{3(1-\tilde{\omega})g\mu_0^2 + 1 - \frac{3}{2}(1 + g - \tilde{\omega}g)\mu_0}{1 - k^2\mu_0^2}\right]$$

$$L_2 = \frac{\tilde{\omega}}{2}\left[\frac{3(1-\tilde{\omega})g\mu_0^2 + 1 + \frac{3}{2}(1 + g - \tilde{\omega}g)\mu_0}{1 - k^2\mu_0^2}\right]$$

$$D = u^2 e^{-k\tau^*} - v^2 e^{k\tau^*}$$

在半無限大氣（semi-infinite atmosphere）時，大氣底層之光程將會趨近無限大$(\tau^* \to \infty)$，則行星反照率將為：

$$r(\mu_0) = \frac{L_1 v - L_2 u}{v} \qquad （6\text{-}19）$$

至於在散射守恆$(\widetilde{\omega}=1)$部分，同樣由（6-9）式及（6-10）式開始，但令$\widetilde{\omega}=1$，則可得到：

$$\frac{dI_1(\tau)}{d\tau}=-\frac{3}{4}F_0e^{-\tau/\mu_0}\tag{6-20}$$

及

$$\frac{dI_0(\tau)}{d\tau}=(1-g)I_1(\tau)+\frac{3}{4}F_0g\mu_0e^{-\tau/\mu_0}\tag{6-21}$$

將（6-20）式積分可得到：

$$I_1(\tau)=\frac{3}{4}F_0\mu_0e^{-\tau/\mu_0}+K\tag{6-22}$$

其中K為積分常數。將（6-22）式代入（6-21）式並對（6-21）式積分，得到：

$$I_0(\tau)=-\frac{3}{4}F_0\mu_0^2e^{-\tau/\mu_0}+(1-g)K\tau+H\tag{6-23}$$

其中H為積分常數。

　　將（6-22）式和（6-23）式代入光譜通量方程（6-13）式及（6-14）式，並利用同樣的邊界條件

$$F^{\uparrow}\left(\tau^{*}\right)=0 \quad , \quad F^{\downarrow}(0)=0$$

可得到：

$$H = \frac{F_{0}\mu_{0}}{2}\left(1+\frac{3}{2}\mu_{0}\right)+\frac{2}{3}K \qquad (6\text{-}24)$$

$$K = \frac{-\frac{3}{2}F_{0}\mu_{0}\left[1+\frac{3}{2}\mu_{0}+\left(1-\frac{3}{2}\mu_{0}\right)e^{-\tau^{*}/\mu_{0}}\right]}{3(1-g)\tau^{*}+4} \qquad (6\text{-}25)$$

則光譜通量可表示為：

$$F^{\uparrow}\left(\tau\right)=\pi\left[F_{0}\mu_{0}\left(\frac{1}{2}-\frac{3}{4}\mu_{0}\right)e^{-\tau/\mu_{0}}+(1-g)K\tau+H+\frac{2}{3}K\right] \qquad (6\text{-}26)$$

$$F^{\downarrow}\left(\tau\right)=-\pi\left[F_{0}\mu_{0}\left(\frac{1}{2}+\frac{3}{4}\mu_{0}\right)e^{-\tau/\mu_{0}}+(1-g)K\tau+H-\frac{2}{3}K\right] \qquad (6\text{-}27)$$

由（6-26）式及（6-27）式可知

$$F^{\uparrow}(0)=\pi\left[F_{0}\mu_{0}+\frac{4}{3}K\right]$$

$$F^{\downarrow}\left(\tau^{*}\right)=-\pi\left[F_{0}\mu_{0}\left(\frac{1}{2}+\frac{3}{4}\mu_{0}\right)\left(1+e^{-\tau^{*}/\mu_{0}}\right)+K(1-g)\tau^{*}\right]$$

所以在散射守恆$(\widetilde{\omega}=1)$時，艾丁頓近似解的行星反照率為：

$$r(\mu_0) = \frac{F^\uparrow(0)}{\pi F_0 \mu_0} = 1 - \frac{2L(\tau^*, \mu_0)}{3(1-g)\tau^* + 4} \qquad （6\text{-}28）$$

其中

$$L(\tau^*, \mu_0) = 1 + \frac{3}{2}\mu_0 + \left(1 - \frac{3}{2}\mu_0\right)e^{-\tau^*/\mu_0} \qquad （6\text{-}29）$$

6.1　半無限大氣之雙流解及艾丁頓解

對於光程無限大之大氣，雙流解之行星反照率為（5-137）式，而艾丁頓解之行星反照率則為（6-19）式。

圖6-1為在半無限大氣時，雙流解、艾丁頓解、δ-艾丁頓解（delta-Eddington method，將在下一節詳述）及精確解（倍加法（Irvine, 1968））的行星反照率之比較。整體而言，艾丁頓解略小於雙流解的結果，當μ_0約大於0.2時，艾丁頓解之結果與精確解相當吻合；而當μ_0小於0.2時，雙流解之結果則較為接近精確解。在Irvine and Lenoble（1973）的論文中對這兩種近似解的精確度有非常深入的探討。

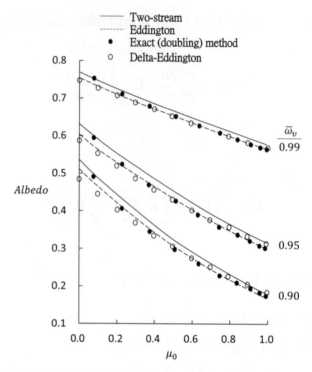

圖6-1 在半無限大氣中，四種不同近似解所求得之行星反照率的比較。在此 **Henyey-Greenstein** 相位函數中的非對稱參數 *g* 假設為**0.5**（**Buglia, 1986**）

6.2 δ-艾丁頓法

在輻射傳送原理中，最大的挑戰是如何處理極不對稱的相位函數，在氣膠或雲滴的研究當中，常見到非常強的前向散射峰值，而前述的雙流近似解或艾丁頓解皆無法合適地處理這種情況下的相位函數。本節所提到的δ-艾丁頓法則是利用狄拉克δ函數，以表示相位函數中前向散射峰值的部分（Joseph, Wiscombe, and Weinman, 1976）。

在討論艾丁頓近似解或雙流近似解中，均假設相位函數為勒壤得多項式二項展開，即

$$P(\cos\theta_0) = 1 + \widetilde{\omega}_l P_l(\cos\theta_0) \qquad （6\text{-}30）$$

由（3-38）式可知，相位函數在方位上對稱的形式為：

$$P(\mu, \mu') = \sum_{l=0}^{N} \widetilde{\omega}_l P_l(\mu) P_l(\mu')$$

取 $N = 1$，則

$$P(\mu, \mu') \approx 1 + \widetilde{\omega}_l \mu\mu' \qquad （6\text{-}31）$$

再由（2-54）式非對稱參數的定義

$$\widetilde{\omega}_1 = 3g$$

可將（6-30）與（6-31）式分別改寫為：

$$P(\cos\theta_0) = 1 + 3g P_1(\cos\theta_0) \qquad （6\text{-}32）$$

$$P(\mu, \mu') = 1 + 3g\mu\mu' \qquad （6\text{-}33）$$

由於氣膠和雲滴的相位函數在光的前進方向具有很大的峰值，而（6-33）式的兩項展開無法表示這種強烈的前向散射。Joseph et al.（1976）

提出delta-Eddington方法，使用δ函數的前向散射和兩項展開來表示相位函數，其形式為：

$$P_{\delta-Edd}(\cos\theta_0) = 2f\delta(1-\cos\theta_0) + (1-f)(1+3g'\cos\theta_0) \qquad （6\text{-}34）$$

其中f為輻射散射到前方峰值佔總量的比例，g'為重新定義的不對稱因子。此相位函數可滿足（2-27）式相位函數標準化條件如下：

$$\int_\Omega P_{\delta-Edd}(\cos\theta_0)\frac{d\Omega}{4\pi} = \frac{1}{2}\int_{-1}^{1} P_{\delta-Edd}(\mu_0)d\mu_0$$

$$= \frac{1}{2}\int_{-1}^{1}\left[2f\delta(1-\mu_0) + (1-f)(1+3g'\mu_0)\right]d\mu_0 \qquad （6\text{-}35）$$

$$= \frac{1}{2}\left[2f + 2(1-f)\right]$$

$$= 1$$

而相位函數的方位角平均可表示為：

$$\overline{P}(\mu,\mu') = \frac{1}{2\pi}\int_0^{2\pi} P_{\delta-Edd}(\cos\theta_0)d\phi \qquad （6\text{-}36）$$

將（6-34）式代入（6-36）式可得到：

$$\overline{P}(\mu,\mu') = \frac{1}{2\pi}\int_0^{2\pi} P_{\delta-Edd}(\cos\theta_0)d\phi$$

$$= \frac{1}{2\pi}\int_0^{2\pi} 2f\delta(1-\cos\theta_0) + (1-f)(1+3g'\cos\theta_0)d\phi \qquad （6\text{-}37）$$

（6-37）式中的狄拉克δ函數可改寫為：

$$\delta(1 - \cos\theta_0) = 2\pi\delta(\mu - \mu')\delta(\phi - \phi') \qquad （6\text{-}38）$$

代表當散射角θ_0為零度時，等號左側狄拉克δ函數內的$\cos\theta$會等於1，則由狄拉克δ函數之定義可知，等號左側將為無限大。同時當散射角θ_0為零度時，入射天頂角μ將等於反射天頂角μ'，入射方位角ϕ亦等於反射天頂角ϕ'，故等號右側兩項狄拉克δ函數也將為無限大。又由（2-35）式（詳見第二章）

$$\cos\theta_0 = \mu\mu' + \left(1 - \mu^2\right)^{1/2}\left(1 - \mu'^2\right)^{1/2}\cos(\phi - \phi')$$

可將（6-37）式寫為：

$$\overline{P}(\mu, \mu') = 2f\delta(\mu - \mu') + (1 - f)(1 + 3g'\mu\mu') \qquad （6\text{-}39）$$

再將（6-39）式代入（3-37）式方位角平均形式之輻射傳送方程

$$\mu\frac{dI_\nu(\tau_\nu, \mu)}{d\tau_\nu} = I_\nu(\tau_\nu, \mu) - \frac{\widetilde{\omega}_\nu}{2}\int_{-1}^{1} I_\nu(\tau_\nu, \mu')P(\mu, \mu')d\mu' \qquad （6\text{-}40）$$

並將方程式當中的下標省略，可得到：

$$\mu \frac{dI(\tau,\mu)}{d\tau} - I(\tau,\mu) = -\frac{\widetilde{\omega}}{2} \int_{-1}^{1} 2f\delta(\mu - \mu')I(\tau,\mu')d\mu'$$

$$-\frac{\widetilde{\omega}}{2} \int_{-1}^{1} (1-f)(1+3g'\mu\mu')I(\tau,\mu')d\mu'$$

$$= -\widetilde{\omega} f I(\tau,\mu) - \frac{\widetilde{\omega}(1-f)}{2} \int_{-1}^{1} (1+3g'\mu\mu')I(\tau,\mu')d\mu'$$

也可寫成：

$$\mu \frac{dI(\tau,\mu)}{(1-\widetilde{\omega} f)d\tau} - I(\tau,\mu) = -\frac{\widetilde{\omega}}{2} \int_{-1}^{1} \frac{(1-f)}{1-\widetilde{\omega} f}(1+3g'\mu\mu')I(\tau,\mu')d\mu' \qquad （6-41）$$

若定義

$$\tau' = (1-\widetilde{\omega} f)\tau \qquad （6-42）$$

$$\widetilde{\omega}' = \frac{(1-f)\widetilde{\omega}}{1-\widetilde{\omega} f} \qquad （6-43）$$

以及Joseph et al.（1976）對艾丁頓相位函數的研究中證明，其非對稱因子會與原始相位函數相同，亦即相位函數勒壤得多項式展開為：

$$P(\mu,\mu') = \sum_{l=0}^{N} (2l+1)\chi_l P_l(\mu)P_l(\mu') \qquad （6-44）$$

其中展開係數x_l為：

$$\chi_l = \frac{1}{2}\int_{-1}^{1} P(\mu,1)P_l(\mu)d\mu \qquad （6\text{-}45）$$

亦即，當 $l = 0$ 時，

$$\chi_0 = \frac{1}{2}\int_{-1}^{1} P(\mu,1)d\mu = 1 \qquad （6\text{-}46）$$

這滿足相位函數標準化條件

$$\frac{1}{2}\int_{-1}^{1} P(\mu,1)d\mu = 1$$

當 $l = 1$ 時，稱為第一矩量，就是相位函數的原非對稱因子，其表示法為：

$$
\begin{aligned}
g &= \chi_l \\
&= \frac{1}{2}\int_{-1}^{1} P(\mu,1)P_1(\mu) \\
&= \frac{1}{2}\int_{-1}^{1} [2f\delta(\mu-1)(1-f)(1+3g'\mu)]\mu d\mu \\
&= f + (1-f)g'
\end{aligned}
\qquad （6\text{-}47）
$$

也可表示為：

$$g' = \frac{g-f}{1-f} \qquad （6\text{-}48）$$

而當 $l = 2$ 時，表示第二矩量，其形式為：

$$\chi_2 = \frac{1}{2}\int_{-1}^{1} P(\mu,1)P_2(\mu)d\mu$$

$$= \frac{1}{2}\int_{-1}^{1}[2f\delta(\mu-1)(1-f)(1+3g'\mu)]\frac{(3\mu^2-1)}{2}d\mu \qquad （6-49）$$

$$= f$$

令

$$P^*(\mu,\mu') = 1 + 3g'\mu\mu' \qquad （6-50）$$

再將（6-42）、（6-43）及（6-48）式代入（6-41），則輻射傳送方程式可表示為：

$$\mu\frac{dI(\tau',\mu)}{d\tau'} - I(\tau',\mu) = -\frac{\widetilde{\omega}'}{2}\int_{-1}^{1} P^*(\mu,\mu')I(\tau',\mu')d\mu \qquad （6-51）$$

上式與（5-3）式比較顯示，兩者的形式相同。

而一般最常被使用到的相位函數為Henyey-Greenstein相位函數，表示為：

$$P(\cos\theta) = \frac{1-g^2}{(1+g^2-2g\cos\theta)^{2/3}} \qquad （6-52）$$

其第1個矩量的表示法為：

$$\chi_1 = g \tag{6-53}$$

所以

$$f = \chi_2 = g^2 \tag{6-54}$$

從（6-42）、（6-43）及（6-48）得到：

$$\tau' = (1 - \widetilde{\omega} g^2)\tau \tag{6-55}$$

$$\widetilde{\omega}' = \frac{\left(1 - g^2\right)\widetilde{\omega}}{1 - \widetilde{\omega} g^2} \tag{6-56}$$

$$g' = \frac{g - g^2}{1 - g^2} = \frac{g}{1 + g} \tag{6-57}$$

所以，將艾丁頓近似解中的τ，$\widetilde{\omega}$及 g 以τ′，$\widetilde{\omega}'$及 g′取代就可以得到 Henyey-Greenstein 相位函數的 Eddington 近似解。

換言之，若已求得（6-40）式的解，再重新定義非對稱參數、光程及單次散射反照率，即可計算前向散射之峰值，則（6-41）式的解亦可求出。

6.3 雙流解、艾丁頓解與δ-艾丁頓解的結果之比較

圖6-2到圖6-5為雙流解、艾丁頓解、δ-艾丁頓解與 Liou（1980）的精確解（倍加法）之比較。圖6-2及圖6-3為在τ*=4.0，g=0.25時，這

四種方法所得到行星反照率與總透射率的結果之比較。圖6-4與圖6-5則是在τ^*=0.25時的行星反照率和總透射率之結果。

　　由圖6-2及圖6-3可見，在光程較大的情況下（τ^*=4.0），當入射角較小時（μ_0約大於0.5時），此三種方法之結果皆相當接近，其中以δ-艾丁頓解與精確解較為吻合，尤其是在接近垂直入射（$\mu_0 \approx 1.0$）時。而入射角較大時（μ_0約小於0.5時），則可分為兩種情況，第一種是在散射守恆時（$\widetilde{\omega}$=1.0），此時三種方法之結果也都相當接近，但相對來說雙流解則較為接近精確解。第二種情況則是$\widetilde{\omega}$=0.8，也就是有20%的吸收作用，此時對行星反照率而言，艾丁頓解與雙流解非常接近，但相對來說是以艾丁頓解的結果較為接近精確解，δ-艾丁頓解則顯示並不太理想。在總透射率方面，三種方法之結果皆非常接近，但相對而言是以δ-艾丁頓解的結果較接近精確解。當$\widetilde{\omega}$=0.8時，δ-艾丁頓解在總透射率的解則極為接近精確解，δ-艾丁頓在行星反照率及總透射率的準確度有如此大的不同，主要是因為此時大氣有20%的吸收作用，因此若將吸收率與行星反照率、總透射率相加，其總和仍然接近為1。

　　另外由圖6-4及圖6-5顯示，在光程較小的情況下（τ^*=0.25），當入射角較小時（μ_0約大於0.5），雙流解與艾丁頓解之結果非常接近，但此時是以δ-艾丁頓解之結果較為接近精確解。而當入射角較大時（μ_0約小於0.5），雙流解與艾丁頓解之結果亦相當接近，同時此兩種方法之結果亦較為接近精確解。

　　總結此四張圖之結果可知，當入射角較小時，δ-艾丁頓解之結果較為接近精確解，尤其是在接近垂直入射（$\mu_0 \approx 1.0$）時。但當入射

角較大時，則需視當時的光程及單次散射反照率，選擇合適的近似解。

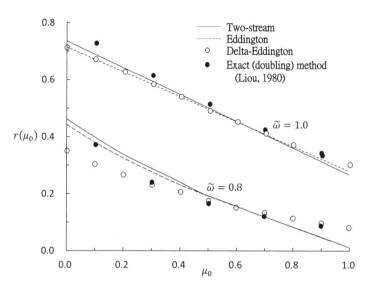

圖6-2　當τ^***=4.0且** g**=0.25時，雙流解、艾丁頓解、** δ **-艾丁頓解與精確解**

（**倍加法**）**之行星反照率比較（Buglia, 1986）**

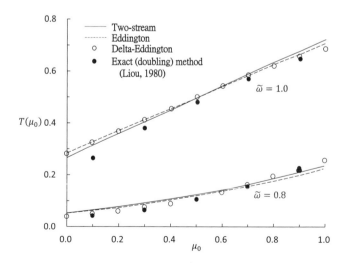

圖6-3　同圖6-2，但為總透射率（Buglia, 1986）

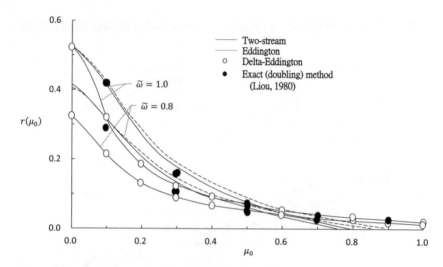

圖6-4 當τ^*=0.25且 g=0.25時,雙流解、艾丁頓解、δ-艾丁頓解與精確解（倍加法）之行星反照率比較（Buglia, 1986）

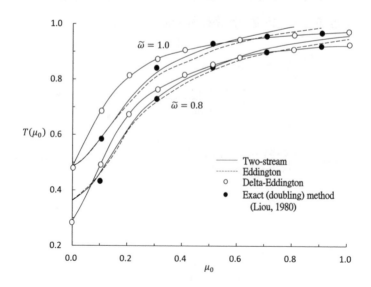

圖6-5 同圖6-4,但為總透射率（Buglia, 1986）

第七章 非均匀大氣的輻射傳送方程的近似解

　　在求解非均匀大氣的輻射傳遞時，離散縱標法（Discrete Ordinate Method）是常被使用的一種方法，離散縱標法是由錢卓塞卡所提出，在求解輻射傳送方程時，是一種非常有用的方法。此方法可用來求得當相位函數是較簡單之形式時的數值解，並可用在非均匀大氣中的數值研究。

　　本章的討論將限制在半無限大氣中，包括不變性原理（principle of invariance）、錢卓塞卡的H函數、由H函數所導出的積分方程、積分方程之零階與一階的解，以及一些高階近似的數值解，最後將介紹一些基本的應用。至於有限大氣（finite atmosphere）的部分在本章中將不會討論，但是如果能夠了解半無限大氣時的結果，則可以很容易的將此結果推廣至有限大氣的情況。

　　本章將延續錢卓塞卡在1960年討論均向散射的內容，但僅限於以下兩種情況：

1. 散射守恆且均向散射。
2. 非散射守恆，但為均向散射。

同樣的，非均向散射的情況也可由本章均向散射的結果推求得到。

7.1 散射守恆且均向散射時的輻射傳送方程

在第五章的（5-112）式中曾提到高斯求積公式

$$\int_{-1}^{1} f(x)dx \approx \sum_{j=-n}^{n} a_j f(x_j) \qquad （7\text{-}1）$$

其中權重a_j為：

$$a_j = \frac{1}{P_n'(x_j)} \int_{-1}^{1} \frac{P_n(x)}{x - x_j} dx \qquad （7\text{-}2）$$

而x_j是使得偶數項勒壤得多項式為0時所得到的解。又由於高斯分布是左右對稱的，所以

$$a_{-j} = a_j \quad , \quad x_{-j} = -x_j \qquad （7\text{-}3）$$

當$f(x) = x^m$時，則

$$\int_{-1}^{1} x^m dx = \frac{2}{m+1}, \quad （當m為偶數）$$

$$= 0 \quad , （當m為奇數）$$

將此結果代入（7-1）式可得到：

$$\sum_{j=-n}^{n} a_j x_j^m = \frac{2}{m+1} \text{，（當m為偶數）} \quad （7\text{-}4）$$

$$= 0 \quad \text{，（當m為奇數）}$$

在第三章的（3-37）式曾介紹在可見光波段中，應用勒壤得展開，並將與方位角相關之項消去後所得到之輻射傳送方程

$$\mu \frac{dI_v(\tau_v, \mu)}{d\tau_v} = I_v(\tau_v, \mu) - \frac{\widetilde{\omega}_v}{2} \int_{-1}^{1} I_v(\tau_v, \mu') P(\mu, \mu') d\mu' \quad （7\text{-}5）$$

在此將下標省略，且令單次散射反照率($\widetilde{\omega}$)及相位函數($P(cos\theta)$)皆為1（散射守恆且均向散射），則可將（7-5）式寫為：

$$\mu \frac{dI(\tau, \mu)}{d\tau} = I(\tau, \mu) - \frac{1}{2} \int_{-1}^{1} I(\tau, \mu') d\mu' \quad （7\text{-}6）$$

將上式中的積分項以高斯近似取代，並利用高斯求積公式中的2n流，將（7-6）式改寫為（7-7）式（如圖7-1）：

$$\mu_i \frac{dI_i}{d\tau} = I_i - \frac{1}{2} \sum_{j=-n}^{n} a_j I_j \quad （7\text{-}7）$$

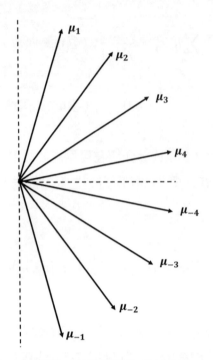

圖7-1 以 $n = 4$ 為例，光線前進的方向分布（Buglia, 1986）

（7-7）式為一組常係數線性方程，其解為：

$$I_i = g_i e^{-k\tau} \qquad , \qquad (i = 1, 2, \ldots, n) \qquad （7-8）$$

其中 g_i 為未知的常係數。將（7-8）式代入（7-7）式，移項並同除 $e^{-k\tau}$ 後得到：

$$g_i(1 + \mu_i k) = \frac{1}{2} \sum_{j=-n}^{n} a_j g_j \qquad （7-9）$$

在此並不知道常數 g_i 實際的值，而等號右側則代表所有常數之總和，而其也是一個常數，因此（7-9）式經過移項後可得到：

$$g_i = \frac{\text{constant}}{1 + \mu_i k} \qquad (7\text{-}10)$$

將（7-10）式代回（7-9）式可得到：

$$\frac{1}{2} \sum_{j=-n}^{n} \frac{a_j}{1 + \mu_j k} = 1 \qquad (7\text{-}11)$$

接下來可利用（7-3）式簡化（7-11）式，如果把（7-11）式展開，並假設 $j = m$，則

$$\begin{aligned} 1 &= \frac{1}{2}\left[\cdots + \frac{a_{-m}}{1 - \mu_m k} + \cdots + \frac{a_m}{1 + \mu_m k} + \cdots \right] \\ &= \frac{1}{2}\left[\cdots + \frac{2a_m}{1 - \mu_m^2 k^2} + \cdots \right] \end{aligned} \qquad (7\text{-}12)$$

所以（7-11）式可以寫成：

$$\sum_{j=1}^{n} \frac{a_j}{1 - \mu_j^2 k^2} = 1 \qquad (7\text{-}13)$$

（7-13）式為（7-7）式方程組的特徵方程，由此特徵方程可得到2n個特徵值$(\pm k_\alpha \, , \, \alpha = 1,2,3,\ldots,n)$。在（7-4）式中，若$m = 0$，則

$$\sum_{j=-n}^{n} a_j = 2 \quad \Rightarrow \quad \sum_{j=1}^{n} a_j = 1 \qquad （7\text{-}14）$$

將（7-14）式代入（7-13）式，可求得（7-13）式的其中一個解$(k^2 = 0)$。另外在（7-13）式中有n個垂直的漸近線。如果將（7-13）式改寫為：

$$F(k) = \sum_{j=1}^{n} \frac{a_j}{1 - \mu_j^2 k^2} - 1 \qquad （7\text{-}15）$$

由（7-15）式可以明顯的看到$F(0) = 0$，而當$k \ll 1$時，$F(k) > 0$。另外

$$\lim_{k \to \pm\infty} F(k) = -1$$

圖7-2為$F(k)$與k之關係，在此圖中n=4（本章接下來皆將採用高斯四點求積的例子），其中$\mu(= \cos\theta) \leq 1$，且特徵值皆大於零。另外當$k = 0$時，則有一解存在。其他的解可由牛頓拉福森法（Newton-Raphson method）求得：

$$k_{n+1} = k_n - \frac{F(k_n)}{F'(k_n)} \qquad （7\text{-}16）$$

而其初始值為$(1/\mu + \varepsilon)$，ε代表任一極小數值。接著將（7-15）式寫為：

$$F(k) = \frac{a_1}{1-\mu_1^2 k^2} + \frac{a_2}{1-\mu_2^2 k^2} + \frac{a_3}{1-\mu_3^2 k^2} + \frac{a_4}{1-\mu_4^2 k^2} - 1 \qquad （7\text{-}17）$$

其一階微分則為：

$$F'(k) = \frac{2a_1 \mu_1^2 k}{\left(1-\mu_1^2 k^2\right)^2} + \frac{2a_2 \mu_2^2 k}{\left(1-\mu_2^2 k^2\right)^2} + \frac{2a_3 \mu_3^2 k}{\left(1-\mu_3^2 k^2\right)^2} + \frac{2a_4 \mu_4^2 k}{\left(1-\mu_4^2 k^2\right)^2} \qquad （7\text{-}18）$$

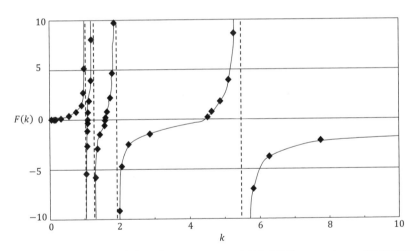

圖7-2 當$n=4$時，$F(k)$與k之關係。其中漸近線為$k = 1/\mu_i$，特徵值則是在$F(k)=0$時出現

Abramowitz and Stegun（1970）求得在$n=4$時，（7-17）式及（7-18）式中μ_j與a_j之值如下：

$$\mu_1 = 0.1834346425 \qquad a_1 = 0.3626837834$$
$$\mu_2 = 0.5255324099 \qquad a_2 = 0.3137066459$$
$$\mu_3 = 0.7966664774 \qquad a_3 = 0.2223810345$$
$$\mu_4 = 0.9602898565 \qquad a_4 = 0.1012285363$$

將（7-17）式及（7-18）式代入（7-16）式中，並將 μ_j 及 a_j 之值代入，即可利用牛頓拉福森法求得（7-15）式的解，如表7-1所示。

表7-1 （7-15）式之解

α	k_α
0	0.
1	1.103185321
2	1.591778876
3	4.458058719

此處的 k_0、k_1、k_2 及 k_3 並不代表圖7-1中輻射強度之解，而是在求得此處的 k_α 之後，再利用（7-8）式及（7-10）式，才能求得輻射強度之解 I_i，如下所示：

$$I_i = \sum_{\alpha=1}^{n-1}\left(\frac{L_\alpha e^{-k_\alpha \tau}}{1+\mu_i k_\alpha}\right) + \sum_{\alpha=1}^{n-1}\left(\frac{L_{-\alpha} e^{k_\alpha \tau}}{1-\mu_i k_\alpha}\right) \qquad （7-19）$$

其中 L_α 和 $L_{-\alpha}$ 為常數。

在（7-19）式中，並未包含 $k = 0$ 時的解。在此根據grey Eddington solution（Kourganoff, 1963），假設 $k = 0$ 時的解為：

$$I_i = b(\tau + q_i) \qquad （7\text{-}20）$$

其中 b 及 q_i 為常數，將（7-20）式代入（7-7）式可得：

$$\mu_i = q_i - \frac{1}{2} \sum_{j=-n}^{n} a_j q_j \qquad （7\text{-}21）$$

（7-21）式可寫為：

$$q_i = Q + \mu_i \qquad （7\text{-}22）$$

其中 Q 為常數。將（7-22）式代入（7-20）式得到 $k = 0$ 時之解為：

$$I_i = b(\tau + Q + \mu_i) \qquad （7\text{-}23）$$

將此式結合（7-19）式，可得到（7-6）式之通解為：

$$I_i = b\left[\sum_{\alpha=1}^{n-1}\left(\frac{L_\alpha e^{-k_\alpha \tau}}{1 + \mu_i k_\alpha} \right) + \sum_{\alpha=1}^{n-1}\left(\frac{L_{-\alpha} e^{k_\alpha \tau}}{1 - \mu_i k_\alpha} \right) + \tau + \mu_i + Q \right] \quad （7\text{-}24）$$

在此式中一共有2n個常數，分別為 b、Q 及 $L_{\pm\alpha}(\alpha = 1, 2, \ldots, n-1)$。而當光程趨近無限大時 $(\tau \to \infty)$，等號右側第二項將為無限大，但實

際上輻射強度不可能為無限大，故在此式中 $L_{-\alpha}$ 必須為零，則（7-24）式可寫為：

$$I_i = b\left[\sum_{\alpha=1}^{n-1}\left(\frac{L_\alpha e^{-k_\alpha \tau}}{1+\mu_i k_\alpha}\right) + \tau + \mu_i + Q\right] \qquad （7\text{-}25）$$

由邊界條件（大氣層頂$(\tau=0)$入射漫射輻射，對所有入射角$(-\mu_i)$而言皆為零）可得到：

$$0 = \sum_{\alpha=1}^{n-1}\left(\frac{L_\alpha}{1-\mu_i k_\alpha}\right) - \mu_i + Q \qquad （7\text{-}26）$$

由（7-26）式可以得到n個方程式及n個未知數（Q及n-1個L_α）。原先在（7-24）式中的2n個常數，有n-1個為零$(L_{-\alpha}(\alpha=1,2,\ldots,n-1))$，由（7-26）式則可求得n個未知數之解，僅剩$b$為未知，在此為任意數。

　　錢卓塞卡（1960）利用較簡單且直接的方法求得L_α及Q的值，且佔了相當大的篇幅。這也許是因為當時對於規模較大的線性方程或是矩陣，並沒有較為準確且有效率的求解方法。近來發展了許多較為先進的電腦及數值方法，所以在本章中將不會討論錢卓塞卡（1960）複雜的代數方法，而是直接對（7-26）式的線性方程求解。

　　對於四點高斯求積的例子而言，由（7-26）式可得到下列方程組：

$$1.253703L_1 + 1.412414L_2 + 5.487454L_3 + Q = 0.1834346$$
$$2.379598L_1 + 6.117365L_2 - 0.744676L_3 + Q = 0.5255324$$
$$8.255792L_1 - 3.729726L_2 - 0.391910L_3 + Q = 0.7966655$$
$$-16.840604L_1 - 1.891903L_2 - 0.304781L_3 + Q = 0.9602899$$

此方程組的解為：

$$L_1 = -0.009461126$$
$$L_2 = -0.036186730$$
$$L_3 = -0.083921097$$
$$Q = 0.706919484$$

在錢卓塞卡（1960）書中，L_1、L_2 及 L_3 的解之順序是不一致的（詳見Kourganoff, 1963）。

7.2 基本方程

在（7-25）式輻射強度的解當中，含有與下式類似之項：

$$\sum_{\alpha=1}^{n-1} \frac{1}{1 + \mu_i k_\alpha} \tag{7-27}$$

依據（7-27）式並將k以x代替，則可建立一連續函數（continuous function）如下：

$$D_m(x) = \sum_i \frac{a_i \mu_i^m}{1 + \mu_i x} \qquad (7\text{-}28)$$

由（7-28）式可得到 $D_m(x)$ 的遞迴公式（recursion formula）：

$$
\begin{aligned}
D_{m-1}(x) &= \sum_i \frac{a_i \mu_i^{m-1}}{1 + \mu_i x} = \sum_i a_i \mu_i^{m-1}\left(1 - \frac{\mu_i x}{1 + \mu_i x}\right) \\
&= \sum_i a_i \mu_i^{m-1} - \sum_i \frac{a_i \mu_i^m x}{1 + \mu_i x}
\end{aligned}
\qquad (7\text{-}29)
$$

但由（7-4）式

$$\sum_i a_i \mu_i^{m-1} = \frac{2\delta}{m} \quad , \quad （當 m 為偶數時，\; \delta = 0）$$

$$（當 m 為奇數時，\; \delta = 1）$$

可將（7-29）式寫為：

$$D_{m-1}(x) = \frac{2\delta}{m} - x\sum_i \frac{a_i \mu_i^m}{1 + \mu_i x} = \frac{2\delta}{m} - x D_m(x) \qquad (7\text{-}30)$$

此式移項後可得到：

$$D_m(x) = \frac{1}{x}\left[\frac{2\delta}{m} - D_{m-1}(x)\right] \qquad (7\text{-}31)$$

（7-31）式為遞迴方程。當 m 為奇數時，（7-31）式為：

$$D_{2j-1}(x) = \frac{1}{x}\left[\frac{2}{2j-1} - D_{2j-2}(x)\right] \qquad （7\text{-}32）$$

而當 m 為偶數時，（7-31）式則為：

$$D_{2j}(x) = \frac{-1}{x}D_{2j-1}(x) \qquad （7\text{-}33）$$

如果將（7-32）式及（7-33）式合併，可得到：

$$D_{2j-1}(x) = \frac{1}{x}\left[\frac{2}{2j-1} + \frac{1}{x}D_{2j-3}(x)\right] = -xD_{2j}(x) \qquad （7\text{-}34）$$

將此式遞迴展開可得到：

$$D_{2j-1}(x) = \frac{2}{(2j-1)x} + \frac{2}{(2j-3)x^3} + \cdots + \frac{2}{3x^{2j-3}} + \frac{1}{x^{2j-1}}\left[2 - D_0(x)\right] \qquad （7\text{-}35）$$

$$D_{2j}(x) = -\frac{2}{(2j-1)x^2} - \frac{2}{(2j-3)x^4} - \cdots - \frac{2}{3x^{2j-2}} - \frac{1}{x^{2j}}\left[2 - D_0(x)\right] \qquad （7\text{-}36）$$

其中 $j = 1,2,\ldots,n$。

由（7-28）式及（7-11）式可知，當 $m = 0$ 時（7-28）式可寫為：

$$D_0(x_j) = \sum_{j=-n}^{n}\frac{a_j}{1 + \mu_i x_j} = 2 \qquad （7\text{-}37）$$

再由（7-32）式及（7-33）式可求：

$$D_0(x) = 2$$
$$D_1(x) = 0$$
$$D_2(x) = 0$$
$$D_3(x) = \frac{2}{3x}$$
$$\vdots$$

如果將此處的 x 以（7-11）式特徵方程式當中的 k 代替，並將 D_0、D_1 及 D_2 之值代入，可將（7-35）式及（7-36）式寫為：

$$D_{2j-1}(k) = \frac{2}{(2j-1)k} + \frac{2}{(2j-3)k^3} + \cdots + \frac{2}{3k^{2j-3}} \quad （7\text{-}38）$$

$$D_{2j}(k) = -\frac{2}{(2j-1)k^2} - \frac{2}{(2j-3)k^4} - \cdots - \frac{2}{3k^{2j-2}} \quad （7\text{-}39）$$

其中 $j = 2,3,\ldots,n$。

偶數項的勒壤得多項式可寫成下列形式：

$$P_{2n}(\mu) = \sum_{j=0}^{n} p_{2j} \mu^{2j} \quad （7\text{-}40）$$

其中 p_{2j} 為常係數。另外，若

$$\sum_{j=0}^{n} p_{2j} D_{2j}(k) = \sum_{j=0}^{n} p_{2j} \sum_{i} \frac{a_i \mu_i^{2j}}{1 + \mu_i k}$$

$$= \sum_{i} \frac{a_i}{1 + \mu_i k} \sum_{j=0}^{n} p_{2j} \mu_i^{2j} \qquad （7\text{-}41）$$

$$= \sum_{i} \frac{a_i}{1 + \mu_i k} \sum_{j=0}^{n} P_{2j}(\mu_i)$$

而 μ_i 是使得偶數項勒壞得多項式為零的點，即

$$P_{2n}(\mu_i) = \sum_{j=0}^{n} p_{2j} \mu_i^{2j} = 0 \qquad , \qquad (i = \pm1, \ldots, \pm n)$$

故（7-41）式中等號右側將為零，則（7-41）式可寫為：

$$\sum_{j=0}^{n} p_{2j} D_{2j}(k) = 0 \qquad （7\text{-}42）$$

錢卓塞卡（1960）進一步將 D_{2n}（由（7-39）式）和 D_0 代入（7-42）式可得：

$$-\frac{2}{3} \frac{P_{2n}}{k^{2n+2}} - \cdots + 2P_0 = 0$$

而

$$\frac{1}{(k_{1} \ldots k_{n-1})^2} = (-1)^n \frac{3P_0}{P_{2n}} \mu \ldots \mu_n)^2$$

因此推得以下方程

$$(k_1 \cdots k_{n-1})(\mu_1 \cdots \mu_n) = \frac{1}{\sqrt{3}}$$ （7-43）

此方程式在本章後續的方程式推導中將會使用到。

7.3 通量方程

在（3-42）式曾提到，錢卓塞卡所定義之方位角對稱情況下的通量方程為：

$$\pi F(\tau) = 2\pi \int_{-1}^{1} \mu I(\tau, \mu) d\mu$$ （7-44）

此式中的 F 是假設輻射強度為均向性時之天頂角平均輻射強度，因為均向性，因此將 F 乘上 π 後即能代表通量。將（7-44）式等號兩側之 π 消去，並將（7-44）式用（7-1）式之高斯求積公式表示如下：

$$F(\tau) = 2\sum_{j=-n}^{n} a_j I_j \mu_j$$ （7-45）

如果將（7-25）式輻射強度之解代入（7-45）式則可得到：

$$F(\tau) = 2b \left[\sum_{\alpha=1}^{n-1} L_\alpha e^{-k_\alpha \tau} \sum_{i=-n}^{n} \frac{a_i \mu_i}{1 + \mu_i k_\alpha} + (\tau + Q) \sum_{i=-n}^{n} a_i \mu_i + \sum_{i=-n}^{n} a_i \mu_i^2 \right]$$

由（7-28）式 $D_m(x)$ 之定義可將此式改寫為：

$$F(\tau) = 2b\left[\sum_{\alpha=1}^{n-1} L_\alpha e^{-k_\alpha \tau} D_1(k_\alpha) + (\tau + Q)\sum_{i=-n}^{n} a_i \mu_i + \sum_{i=-n}^{n} a_i \mu_i^2\right] \quad （7\text{-}46）$$

但 $D_1(k_\alpha) = 0$，又由（7-4）式可知

$$\sum_i a_i \mu_i = 0$$

$$\sum_i a_i \mu_i^2 = \frac{2}{3}$$

故（7-46）式可寫為：

$$F(\tau) = \frac{4}{3}b \qquad （7\text{-}47）$$

前面曾提到 b 為常數，而由（7-47）式可看到，當輻射強度為均向性時之天頂角平均輻射強度 F 不會隨著光程而改變（在半無限大氣且散射守恆的情形下，進入大氣與離開大氣之通量必定相等，且因為大氣中沒有吸收與發射作用，故在大氣中不同高度時，淨通量都是守恆的）。而（7-47）式則可寫為：

$$b = \frac{3}{4}F$$

至此已經求得最後一個待求常數 b。則（7-25）式輻射強度之解可寫為：

$$I_i = \frac{3F}{4}\left[\sum_{\alpha=1}^{n-1}\left(\frac{L_\alpha e^{-k_\alpha \tau}}{1+\mu_i k_\alpha}\right) + \tau + \mu_i + Q\right] \qquad （7\text{-}48）$$

在此式中，所有的常數皆為已知。

7.4 源函數

在（7-6）式之輻射傳送方程中，將等號右側第二項之源函數以高斯求積之形式寫為：

$$J = \frac{1}{2}\int_{-1}^{1} I(\tau, \mu)d\mu \approx \frac{1}{2}\sum_{i=-n}^{n} a_i I_i \qquad （7\text{-}49）$$

將（7-48）式輻射強度之解代入（7-49）式可得到：

$$
\begin{aligned}
J &= \frac{1}{2}\sum_{i=-n}^{n} a_i \frac{3F}{4}\left[\sum_{\alpha=1}^{n-1}\left(\frac{L_\alpha e^{-k_\alpha \tau}}{1+\mu_i k_\alpha}\right) + \tau + \mu_i + Q\right] \\
&= \frac{3F}{8}\left[\sum_{\alpha=1}^{n-1} L_\alpha e^{-k_\alpha \tau}\sum_{i=-n}^{n}\left(\frac{a_i}{1+\mu_i k_\alpha}\right) + (\tau+Q)\sum_{i=-n}^{n} a_i + \sum_{i=-n}^{n} a_i \mu_i\right]
\end{aligned}
\qquad （7\text{-}50）
$$

由（7-28）式 $D_m(x)$ 之定義可知

$$D_0(x) = \sum_i \frac{a_i}{1 + \mu_i x} = 2$$

又由（7-4）式可知

$$\sum_{i=-n}^{n} a_i = \frac{2}{0+1} = 2$$

以及

$$\sum_{i=-n}^{n} a_i \mu_i = 0$$

故（7-50）式源函數可寫為：

$$J = \frac{3F}{4}\left(\sum_{\alpha=1}^{n-1} L_\alpha e^{-k_\alpha \tau} + \tau + Q \right) \qquad （7\text{-}51）$$

根據錢卓塞卡（1960）的定義如下：

$$q(\tau) = \sum_{\alpha=1}^{n-1} L_\alpha e^{-k_\alpha \tau} + Q \qquad （7\text{-}52）$$

則可將源函數以艾丁頓之形式表示：

$$J(\tau) = \frac{3F}{4}\left[\tau + q(\tau)\right] \qquad (7\text{-}53)$$

將前面所求得 L_1、L_2、L_3 及 Q 之值代入（7-52）式可得到：

$$
\begin{aligned}
q(\tau) = &\, 0.706919 - 0.009461\exp\left(-1.103185\tau\right) \\
&- 0.036187\exp\left(-1.591779\tau\right) \\
&- 0.083921\exp\left(-4.458086\tau\right)
\end{aligned} \qquad (7\text{-}54)
$$

將不同的光程 τ 代入（7-54）式，即可得到當時的 $q(\tau)$，如表7-2所示。

表7-2 將不同的 τ 代入（7-54）式所得到之 $q(\tau)$

τ	$q(\tau)$
0.	0.577350
0.1	0.613849
1.0	0.695441
3.0	0.706268
5.0	0.706868
10.0	0.706919
∞	Q

　　在求得源函數之後，由第三章的（3-56）式及（3-57）式，即在 τ_ν 處的向上及向下輻射分量之解：

$$I_\nu^\uparrow(\tau_\nu,\mu,\phi)=I_\nu^\uparrow(\tau_\nu^*,\mu,\phi)e^{-(\tau_\nu^*-\tau_\nu)/\mu}+\int_{\tau_\nu}^{\tau_\nu^*}e^{-(\tau_\nu'-\tau_\nu)/\mu}J_\nu(\tau_\nu',\mu,\phi)\frac{d\tau_\nu'}{\mu}\quad（7\text{-}55）$$

$$I_\nu^\uparrow(\tau_\nu,\mu,\phi)=I_\nu^\uparrow(\tau_\nu^*,\mu,\phi)e^{\tau_\nu/\mu}+\int_0^{\tau_\nu}e^{-(\tau_\nu'-\tau_\nu)/\mu}J_\nu(\tau_\nu',\mu,\phi)\frac{d\tau_\nu'}{\mu}\quad（7\text{-}56）$$

若假設在半無限大氣中，則（7-55）式可寫為：

$$I_\nu^\uparrow(\tau_\nu,\mu,\phi)=\int_{\tau_\nu}^\infty e^{-(\tau_\nu'-\tau_\nu)/\mu}J_\nu(\tau_\nu',\mu,\phi)\frac{d\tau_\nu'}{\mu}\quad（7\text{-}57）$$

另外再利用大氣層頂入射輻射強度為零之邊界條件，則（7-56）式可寫為：

$$I_\nu^\downarrow(\tau_\nu,\mu,\phi)=\int_0^{\tau_\nu}e^{-(\tau_\nu'-\tau_\nu)/\mu}J_\nu(\tau_\nu',\mu,\phi)\frac{d\tau_\nu'}{\mu}\quad（7\text{-}58）$$

將（7-57）式及（7-58）式的下標省略，並利用方位角對稱之假設以及用 μ 代表向上之輻射、$-\mu$ 代表向下之輻射，則（7-57）式及（7-58）式可寫為：

$$I(\tau,\mu)=\int_\tau^\infty J(\tau')e^{-(\tau'-\tau)/\mu}\frac{d\tau'}{\mu}\quad（7\text{-}59）$$

$$I(\tau,-\mu) = \int_0^\tau J(\tau')e^{-(\tau-\tau')/\mu}\frac{d\tau'}{\mu} \qquad (7\text{-}60)$$

故求得源函數後，利用此兩式將可得到半無限大氣中，且大氣層頂入射輻射強度為零之情況下的輻射強度。將（7-51）式源函數分別代入（7-59）式及（7-60）式可得到：

$$I(\tau,\mu) = \frac{3F}{4}\left(\sum_{\alpha=1}^{n-1}\frac{L_\alpha e^{-k_\alpha\tau}}{1+k_\alpha\mu} + \tau + \mu + Q\right) \qquad (7\text{-}61)$$

$$I(\tau,-\mu) = \frac{3F}{4}\left[\sum_{\alpha=1}^{n-1}\frac{L_\alpha}{1-k_\alpha\mu}\left(e^{-k_\alpha\tau}-e^{-\tau/\mu}\right) + \tau + (Q-\mu)\left(1-e^{-\tau/\mu}\right)\right] \qquad (7\text{-}62)$$

這兩個方程式是由2n流近似之源函數所得到的向上及向下輻射強度分量之解。在此仍要再強調，7-3節後所呈現的F為依據錢卓塞卡的定義，為具均向性時天頂角平均輻射強度，並非一般慣用的以I或R表示輻射強度和以F代表輻射通量。

7.5 減光定律（The Law of Darkening）

在（7-61）式向上輻射強度分量之解中，若 $\tau = 0$，則可由此式得到離開大氣層頂之輻射強度，隨著反射角餘弦（$\mu = \cos\theta$）之變化情形。也就是所謂的減光定律或是臨邊減光方程（limb darkening equation）：

$$I(0,\mu) = \frac{3F}{4}\left(\sum_{\alpha=1}^{n-1}\frac{L_\alpha}{1+k_\alpha\mu} + \mu + Q\right) \qquad （7\text{-}63）$$

將前面所求得的 L_α、k_α 及 Q 代入此式可得到：

$$\frac{I(0,\mu)}{F} = \frac{3}{4}\left[\frac{-0.009461}{1+1.103185\mu} - \frac{0.036187}{1+1.591779\mu}\right.$$
$$\left. - \frac{0.083921}{1+4.458086\mu} + \mu + 0.706919\right] \qquad （7\text{-}64）$$

表7-3即為將不同的 μ 代入（7-64）式後，所得到 $\dfrac{I(0,\mu)}{F}$ 及 $\dfrac{I(0,\mu)}{I(0,1)}$ 之值。

圖7-3則是 $I(0,\mu)$ 隨著反射角之變化；以及假設在均向性，且各方向之反射輻射強度均與 $I(0,1)$ 相等時，反射之輻射強度隨著反射角之變化，在此以 I_0 表示；和將 $I(0,\mu)$ 由 $\mu=0$ 積分至 $\mu=1$ 之後所得到之通量，平均分配至各天頂角之天頂角平均輻射強度 F。由圖7-3可看到，$I(0,\mu)$ 在 $\mu=1$ 時最大，$\mu=0$ 時最小。另外 $I(0,\mu)$ 與 F 在圖中的交點則是在 $\dfrac{I(0,\mu)}{F}=1$ 的位置，由表7-3可看到此位置大約是在 $0.6<\mu<0.7$ 的範圍內，也就是 $\theta\approx50°$ 之處，而由圖7-3也可以看到此點大約在反射角為 $50°$ $(\mu\approx0.6431)$ 的位置。

表7-3 將不同的 μ 代入（7-64）式所得到之 $\dfrac{I(0,\mu)}{F}$ 及 $\dfrac{I(0,\mu)}{I(0,1)}$

μ	$\dfrac{I(0,\mu)}{F}$	$\dfrac{I(0,\mu)}{I(0,1)}$	μ	$\dfrac{I(0,\mu)}{F}$	$\dfrac{I(0,\mu)}{I(0,1)}$
0.0	0.433013	0.345082	0.6	0.944910	0.753029
0.1	0.531852	0.423850	0.7	1.023094	0.815321
0.2	0.620516	0.494509	0.8	1.100699	0.877182
0.3	0.704562	0.561488	0.9	1.177915	0.938718
0.4	0.786070	0.626444	1.0	1.254812	1.0
0.5	0.866012	0.690152			

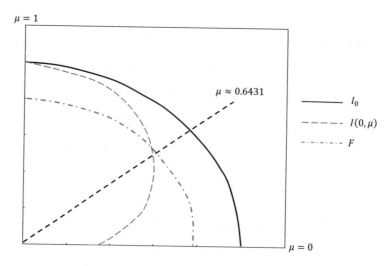

圖7-3 I_0、$I(0,\mu)$ 及 F 隨著反射角之變化示意圖，實線代表假設在均向性之情況下之反射輻射強度分布，在此以 I_0 表示；虛線代表 $I(0,\mu)$ 隨著反射角之變化情形，點線則代表 F 隨著反射角之變化情形

將（7-63）式與（7-25）式相比較，（7-25）式代表一組具有不連續的 μ_i 值之方程組；而（7-63）式則為 μ 的連續函數。這兩個方程式在形式上是一樣的，只有在 μ 處有所不同。

接下來將討論H函數，首先假設在半無限大氣中，其上下邊界之入射輻射皆為零。另外由（7-63）式，則可定義一連續函數為：

$$S(\mu) = \sum_{\alpha=1}^{n-1} \frac{L_\alpha}{1 - k_\alpha \mu} - \mu + Q \qquad （7\text{-}65）$$

由大氣層頂之邊界條件可得到：

$$I(0, -\mu_i) = \frac{3}{4} F S(\mu_i) = 0 \qquad , \qquad (i = 1, 2, \ldots, n)$$

則可將（7-65）式之邊界條件寫為：

$$S(\mu_i) = 0 \qquad , \qquad (i = 1, 2, \ldots, n) \qquad （7\text{-}66）$$

至此可將減光定律之方程式（（7-63）式）寫為：

$$I(0, \mu) = \frac{3}{4} F S(-\mu) \qquad （7\text{-}67）$$

此式代表在假設輻射強度為均向性時，入射之天頂角平均輻射強度為 F 之情況下，反射輻射隨著反射角 μ 之變化情形。

7.6 H函數

$-\dfrac{0.083921}{1+4.458086\mu}+\mu+0.706919$ 由（7-65）式可知，S-函數是由 L_α 及 Q 所組成。而 L_α 及 Q 必須藉由求解一組線性方程（（7-26）式）才能求得，如此才能進一步求得大氣中任一點的輻射強度及通量。但在許多情況下，我們並不考慮介質當中輻射場的詳細結構，而是希望能夠了解離開大氣層頂或大氣底層之輻射強度。錢卓塞卡提出了一個方法以達成此目的，此方法演變為後來的H函數。

在（7-65）式等號右側第一項裡，若將其展開，則每一項的分母都會有 $(1-k_\alpha\mu)$ 存在。如果定義

$$R(\mu)=\prod_{\alpha=1}^{n-1}\left(1-k_\alpha\mu\right) \qquad （7\text{-}68）$$

則若將 $S(\mu)$ 與 $R(\mu)$ 相乘可得到：

$$S(\mu)R(\mu)=\prod_{\alpha=1}^{n-1}(1-k_\alpha\mu)\left(\sum_{\alpha=1}^{n-1}\frac{L_\alpha}{1-k_\alpha\mu}-\mu+Q\right) \qquad （7\text{-}69）$$

（7-68）式的 $R(\mu)$ 是 μ 的 $(n-1)$ 次多項式，而由（7-69）式當中等號右側倒數第二項之 μ，可以知道 $\prod\limits_{\alpha=1}^{n-1}\left(1-k_\alpha\mu\right)$ 乘上 μ 之後將會是 μ 的 n 次多項式，代表 $R(\mu)S(\mu)$ 是 μ 的 n 次多項式。另外由（7-68）式可知，當 $\mu=\mu_i$，$i=1,2,\ldots,n$ 時，$R(\mu)S(\mu)$ 將會等於零。

再定義一多項式

$$P(\mu) = \prod_{i=1}^{n} (\mu - \mu_i) \qquad （7-70）$$

此式同樣也是 μ 的 n 次多項式。因為 $P(\mu)$ 及 $R(\mu)S(\mu)$ 都是 μ 的 n 次多項式，且都有同樣的解 (μ_i)，所以假設兩者之差別是在於一乘法常數（multiplicative constant）K，如下所示：

$$S(\mu)R(\mu) = KP(\mu) \qquad （7-71）$$

常數 K 可由比較（7-71）式等號兩側 μ 的相同次方項求得，在此將比較 μ 的最高次項 (μ^n)。由（7-69）式可知，$R(\mu)S(\mu)$ 的 μ^n 之係數為：

$$(-1)^n k_1 k_2 \ldots k_{n-1}$$

而由（7-70）式可知，$P(\mu)$ 的 μ^n 之係數為 1，故可得到：

$$K = (-1)^n k_1 k_2 \ldots k_{n-1}$$

則（7-71）式可寫為：

$$S(\mu) = (-1)^n k_1 k_2 \ldots k_{n-1} \frac{P(\mu)}{R(\mu)} \qquad （7-72）$$

由（7-68）式 $R(\mu)$ 之定義、（7-70）式 $P(\mu)$ 之定義，以及（7-43）式 k 與 μ 之關係式，可將（7-72）式寫成：

$$S(\mu) = (-1)^n \frac{1}{\sqrt{3}} \frac{1}{\mu_1 \mu_2 \cdots \mu_n} \frac{\displaystyle\prod_{i=1}^{n}(\mu - \mu_i)}{\displaystyle\prod_{i=1}^{n-1}(1 - k_\alpha \mu)} \qquad （7\text{-}73）$$

將 μ 變號，並將 $(-1)^n$ 乘入 $\displaystyle\prod_{i=1}^{n}(\mu - \mu_i)$ 當中，則（7-73）式將變為：

$$S(-\mu) = \frac{1}{\sqrt{3}} \frac{1}{\mu_1 \mu_2 \cdots \mu_n} \frac{\displaystyle\prod_{i=1}^{n}(\mu + \mu_i)}{\displaystyle\prod_{i=1}^{n-1}(1 + k_\alpha \mu)} \qquad （7\text{-}74）$$

由（7-74）式可定義一H函數如下：

$$H(\mu) = \frac{1}{\mu_1 \mu_2 \cdots \mu_n} \frac{\displaystyle\prod_{i=1}^{n}(\mu + \mu_i)}{\displaystyle\prod_{i=1}^{n-1}(1 + k_\alpha \mu)} \qquad （7\text{-}75）$$

由此定義可將（7-74）式寫為：

$$S(-\mu) = \frac{1}{\sqrt{3}} H(\mu) \qquad （7\text{-}76）$$

而減光定律之方程式（（7-67）式）可寫為：

$$I(0,\mu) = \frac{\sqrt{3}}{4}FH(\mu) \qquad （7-77）$$

將前面所求得n=4時之 k_α 與 μ_i 代入（7-75）式H函數當中可得到：

$$H(\mu) = \frac{1}{0.07375}\left[\frac{(\mu+0.18343)(\mu+0.52553)(\mu+0.79667)(\mu+0.96029)}{(1+1.10319\mu)(1+1.59178\mu)(1+4.45809\mu)}\right] （7-78）$$

將不同的 μ 值代入（7-78）式所得到 $H(\mu)$ 之結果則如表7-4所示。

表7-4　將不同的 μ 代入（7-78）式所得到之 $H(\mu)$（Buglia, 1986）

μ	$H(\mu)_{n=4}$	$H(\mu)_{exact}$
0	1.000000	1.0000
0.1	1.228249	1.2474
0.2	1.433009	1.4503
0.3	1.627104	1.6425
0.4	1.815336	1.8293
0.5	1.999954	2.0128
0.6	2.182161	2.1941
0.7	2.362672	2.3740
0.8	2.541938	2.5527
0.9	2.720259	2.7306
1	2.897845	2.9078

在表7-4裡的精確解是由一積分方程（integral equation）所求得，後續將會有此方程式的介紹。而由此表可看到，四階的解其實與精確

解並沒有太大的差距，而且此計算方法亦較為簡單。

前面曾經提到，在錢卓塞卡的書中用了相當大的篇幅以得到與（7-72）式相似的 L_α 與 Q 之表示式。其推導過程在本章中將不再重述，但仍會描述其結果以供參考。錢卓塞卡（1960）推導得到之 L_α 與 Q 如下：

$$L_\alpha = (-1)^n k_1 k_2 \cdots k_{n-1} \frac{P(1/k_\alpha)}{R_\alpha(1/k_\alpha)} \qquad （7\text{-}79）$$

$$Q = \sum_{i=1}^{n} \mu_i - \sum_{\alpha=1}^{n-1} \frac{1}{k_\alpha} \qquad （7\text{-}80）$$

其中 $R_\alpha(\mu)$ 之定義為：

$$R_\alpha(\mu) = \prod_{\substack{\beta=1 \\ \beta \neq \alpha}}^{n-1} (1 - k_\beta \mu) \qquad （7\text{-}81）$$

在（7-79）式中的 $P(1/k_\alpha)$ 可由（7-70）式得到。將本章所求得之 k_α 代入（7-70）式之 $P(\mu)$ 及（7-81）式之 $R_\alpha(\mu)$ 可得到：

$$P(1/k_1) = -0.00162773$$
$$P(1/k_2) = 0.00255488$$
$$P(1/k_3) = -0.00518673$$
$$R_1(1/k_1) = 1.346885$$
$$R_2(1/k_2) = -0.552720$$
$$R_3(1/k_3) = 0.483844$$

以及 $k_1k_2k_3 = 7.828519$。所以由（7-79）式及（7-80）式可以得到：

$$L_1 = -0.0094608650$$
$$L_2 = -0.0361863703$$
$$L_3 = -0.0839203822$$
$$Q = 0.7069178868$$

此結果可以和本章先前求解（7-26）式聯立方程式所得到之解相比較。

　　錢卓塞卡亦利用以下之方程式來進行準確度之檢查：

$$Q + \sum_{\alpha=1}^{n-1} L_\alpha = \frac{1}{\sqrt{3}} \qquad （7-82）$$

所以將此處所求得之 L_α 及 Q 代入（7-82）式中，等號左側的值將為 0.5773502694，而等號右側則為0.5773502692，兩者相當接近。

　　本章至目前為止，達成了以下之目標：

1. 求得當淨通量是常數，且在散射守恆、均向散射時，在較為簡化的情形下之解。
2. 求得四階近似時（n=4）之解。
3. 完成一些基本概念的推導，後續可應用於S及H函數。
4. 求得臨邊減光個案之解。

　　接下來的章節將討論一些比較困難的問題，但在實際應用上則有較大的幫助。

7.7 非散射守恆，但為均向散射情形下的漫射輻射

在本節中，將討論平行光束進入半無限大氣後的散射情形，也就是行星大氣對太陽光的散射。在此將由（3-48）式，方位角對稱情況下之漫射輻射傳送方程開始討論：

$$
\mu \frac{dI_\nu(\tau_\nu,\mu)}{d\tau_\nu} = I_\nu(\tau_\nu,\mu) - \frac{\widetilde{\omega}_\nu}{2} \int_{-1}^{1} P(\mu,\mu')I_\nu(\tau_\nu,\mu')d\mu'
$$
$$
- \frac{\widetilde{\omega}_\nu}{4} F_0 e^{-\tau_\nu/\mu_0} P(\mu,-\mu_0)
\tag{7-83}
$$

在此式中，若省略下標 ν，同時將 F_0 以 πF 表示，並假設是在均向散射的情況（相位函數為1），則可將（7-83）式寫為：

$$
\mu \frac{dI(\tau,\mu)}{d\tau} = I(\tau,\mu) - \frac{\widetilde{\omega}}{2} \int_{-1}^{1} I(\tau,\mu')d\mu' - \frac{\widetilde{\omega}\pi}{4} F e^{-\tau/\mu_0}
\tag{7-84}
$$

接下來的方程式推導部分，因為與本章前半部散射守恆且均向散射的部分非常類似，故將省略部分細節，以較簡潔的方式呈現。首先將（7-84）式的積分項以高斯近似表示，並利用高斯求積公式的2n流，可將（7-84）式寫為：

$$
\mu_i \frac{dI_i}{d\tau} = I_i - \frac{\widetilde{\omega}}{2} \sum_{j=-n}^{n} I_j a_j - \frac{\widetilde{\omega}\pi}{4} F e^{-\tau/\mu_0} \quad , \quad (i=\pm1,\pm2,\ldots,\pm n)
\tag{7-85}
$$

在此先求解（7-85）式中線性齊次方程的部分：

$$\mu_i \frac{dI_i}{d\tau} = I_i - \frac{\widetilde{\omega}}{2} \sum_{j=-n}^{n} I_j a_j \qquad (7\text{-}86)$$

與本章（7-8）式一樣，假設其解為：

$$I_i = g_i e^{-k\tau} \qquad (7\text{-}87)$$

將（7-87）式代入（7-86）式之後，可得到特徵方程如下：

$$1 = \frac{1}{2}\widetilde{\omega} \sum_{j=-n}^{n} \frac{a_j}{1+\mu_j k} = \widetilde{\omega} \sum_{j=1}^{n} \frac{a_j}{1-\mu_j^2 k^2} \qquad (7\text{-}88)$$

此式與（7-11）式及（7-13）式相比，除了 $\widetilde{\omega}$ 之外其餘完全相同，此處 $\widetilde{\omega}$ 的出現造成 $k=0$ 不再是此式的解，同時也不需要像（7-20）式一樣假設一 $k=0$ 時的輻射強度解。

在（7-88）式中，漸近線的位置與（7-13）式一樣，但（7-88）式的解 (k_α) 將比（7-13）式的解大，且在不同的 $\widetilde{\omega}$ 時，會有不同的解。由（7-88）式可知

$$\sum_{j=1}^{n} \frac{a_j}{1-\mu_j^2 k^2} = \frac{1}{\widetilde{\omega}} \geq 1$$

所以在不同的 $\widetilde{\omega}$ 時，可用與（7-13）式相同的方法求得（7-88）式之解。當n=4時之解如表7-5所示。

表7-5 當n=4時（7-88）式之解(k_α)

$\widetilde{\omega}$	$\alpha = 1$	$\alpha = 2$	$\alpha = 2$	$\alpha = 3$
1.0	0.	1.103186	1.591779	4.458086
0.9	0.525430	1.108937	1.615640	4.554851
0.8	0.710413	1.116799	1.642629	4.652965
0.7	0.828671	1.127655	1.672473	4.752078
0.6	0.907693	1.142395	1.704602	4.851871
0.5	0.959481	1.160900	1.738275	4.952060
0.4	0.992327	1.181880	1.772515	5.052401
0.3	1.012963	1.203057	1.806656	5.152683
0.2	1.026230	1.222732	1.840027	5.252727
0.1	1.035120	1.240155	1.872179	5.352384

在求得k_α後，線性齊次方程（（7-86）式）之解，也就是輻射強度I_i，可表示如下：

$$I_i = \sum_{\alpha=1}^{n}\left(\frac{L'_\alpha e^{-k_\alpha\tau}}{1+\mu_i k_\alpha}\right) + \sum_{\alpha=1}^{n}\left(\frac{L'_{-\alpha} e^{k_\alpha\tau}}{1-\mu_i k_\alpha}\right) \qquad （7-89）$$

接著將求解（7-85）式之特解，首先假設

$$I_i = \frac{\pi}{4}\widetilde{\omega} F h_i e^{-\tau/\mu_0} \qquad （7-90）$$

其中 h_i 為常數，而將（7-90）式代入（7-85）式後，可發現 h_i 必須滿足下式：

$$\gamma_j = h_i\left(1 + \frac{\mu_i}{\mu_0}\right) = \frac{1}{2}\widetilde{\omega}\sum_{j=-n}^{n}a_j h_j + 1 \quad , j \neq 0 \qquad （7\text{-}91）$$

對任何i來說，（7-91）式之右式均相同，即 $\gamma_1 = \gamma_2 = \cdots$，假設其等於一常數$\gamma$，則由（7-91）式可知，$h_i$ 必定具有以下之形式：

$$h_i = \frac{\gamma}{1 + \dfrac{\mu_i}{\mu_0}} \qquad （7\text{-}92）$$

γ 為未知常數，將（7-92）式代入（7-91）式，移項之後可得到：

$$\frac{1}{\gamma} = 1 - \widetilde{\omega}\sum_{j=1}^{n}\left[\frac{a_j}{1 - \left(\mu_j^2 / \mu_0^2\right)}\right] \qquad （7\text{-}93）$$

將（7-92）式代入（7-90）式得到特解後，再結合（7-89）式，將可得到（7-85）式之解如下：

$$I_i = \sum_{\alpha=1}^{n}\left(\frac{L'_\alpha e^{-k_\alpha \tau}}{1 + \mu_i k_\alpha}\right) + \sum_{\alpha=1}^{n}\left(\frac{L'_{-\alpha} e^{k_\alpha \tau}}{1 - \mu_i k_\alpha}\right) + \frac{\pi}{4}\widetilde{\omega}F\frac{\gamma\, e^{-\tau/\mu_0}}{1 + (\mu_i/\mu_0)} \qquad （7\text{-}94）$$

與散射守恆時一樣，在此式中當 $\tau \to \infty$ 時，等號右側第二項將會等於無限大，則輻射強度 I_i 也將為無限大，此結果是不合理的，因此等號右側第二項當中的 $L'_{-\alpha}$ 必須為零，故（7-94）式變為：

$$I_i = \frac{\pi}{4}\widetilde{\omega}F\left[\sum_{\alpha=1}^{n}\left(\frac{L''_\alpha e^{-k_\alpha\tau}}{1+\mu_i k_\alpha}\right)+\frac{\gamma\,e^{-\tau/\mu_0}}{1+(\mu_i/\mu_0)}\right] \qquad (7\text{-}95)$$

由大氣層頂之邊界條件，也就是在 $\tau=0$ 處，沿著 $-\mu_i$ 方向之入射漫射輻射為零，將可得到一組含有n個未知常數 L''_α 之方程組：

$$\sum_{\alpha=1}^{n}\frac{L''_\alpha}{1-\mu_i k_\alpha}+\frac{\gamma}{1-(\mu_i/\mu_0)}=0 \qquad (7\text{-}96)$$

將（7-96）式與前面散射守恆當中的（7-26）式比較後可發現，（7-96）式的 α -總和（α -summation）是由1至 n，而（7-26）式是由1至 n-1，且（7-96）式並不像（7-26）式一樣有一常數 Q。另外此處與前面散射守恆的最大不同在於，$k=0$ 並不是其中的一個解，故所有的解都已包含在（7-96）式中。

在（7-85）式中，源函數為：

$$J(\tau)=\frac{1}{2}\widetilde{\omega}\sum_{j=-n}^{n}a_j I_j+\frac{\pi}{4}\widetilde{\omega}Fe^{-\tau/\mu_0} \qquad (7\text{-}97)$$

將（7-95）式輻射強度之解代入（7-97）式，移項消去後可得到：

$$J(\tau)=\frac{\pi}{4}\widetilde{\omega}F\left(\sum_{\alpha=1}^{n}L''_\alpha e^{-k_\alpha\tau}+\gamma\,e^{-\tau/\mu_0}\right) \qquad (7\text{-}98)$$

在第四章的（4-7）式及（4-8）式曾提到在大氣 τ_ν 處的向上及向下分量之解為：

$$I_\nu^\uparrow(\tau_\nu,\mu,\phi)=I_\nu^\uparrow(\tau_\nu^*,\mu,\phi)e^{-(\tau_\nu^*-\tau_\nu)/\mu}+\int_{\tau_\nu}^{\tau_\nu^*}e^{-(\tau_\nu'-\tau_\nu)/\mu}J_\nu(\tau_\nu',\mu,\phi)\frac{d\tau_\nu'}{\mu}\quad（7\text{-}99）$$

$$I_\nu^\uparrow(\tau_\nu,\mu,\phi)=I_\nu^\uparrow(\tau_\nu^*,\mu,\phi)e^{\tau_\nu/\mu}+\int_0^{\tau_\nu}e^{-(\tau_\nu'-\tau_\nu)/\mu}J_\nu(\tau_\nu',\mu,\phi)\frac{d\tau_\nu'}{\mu}\quad（7\text{-}100）$$

省略（7-99）式及（7-100）式的下標 ν，並以 $-\mu$ 代表向下輻射、$+\mu$ 代表向上輻射，且假設方位角對稱，同時由大氣層頂及大氣底層之入射漫射輻射為零之邊界條件，可將（7-99）式及（7-100）式寫為：

$$I(\tau,\mu)=\int_\tau^* e^{-(\tau'-\tau)/\mu}J(\tau')\frac{d\tau'}{\mu}\quad（7\text{-}101）$$

$$I(\tau,-\mu)=\int_0^\tau e^{-(\tau-\tau')/\mu}J(\tau')\frac{d\tau'}{\mu}\quad（7\text{-}102）$$

將（7-98）式代入（7-101）式及（7-102）式，積分後可得到：

$$I(\tau,\mu)=\frac{\pi\widetilde{\omega}}{4}F\left(\sum_{\alpha=1}^n\frac{L_\alpha''e^{-k_\alpha\tau}}{1+k_\alpha\mu}+\frac{\gamma\mu_0 e^{-\tau/\mu_0}}{\mu_0+\mu}\right)\quad（7\text{-}103）$$

$$I(\tau,-\mu)=\frac{\pi\widetilde{\omega}}{4}F\left[\sum_{\alpha=1}^n\frac{L_\alpha''}{1-k_\alpha\mu}\left(e^{-k_\alpha\tau}-e^{-\tau/\mu_0}\right)+\frac{\gamma}{1-\mu/\mu_0}\left(e^{-\tau/\mu_0}-e^{-\tau/\mu}\right)\right]\quad（7\text{-}104）$$

在（7-103）式中，若令 $\tau = 0$ ，則可得到減光定律之公式：

$$I(0,\mu) = \frac{\pi\widetilde{\omega}}{4} F\left(\sum_{\alpha=1}^{n} \frac{L_\alpha''}{1+k_\alpha\mu} + \frac{\gamma\mu_0}{\mu_0+\mu} \right) \qquad （7\text{-}105）$$

接下來將利用與前述相同之步驟，以H函數表示（7-105）式。在（7-88）式的特徵方程中，令 $z = 1/k$ ，則（7-88）式可寫為：

$$1 = \widetilde{\omega}\sum_{j=1}^{n}\left[\frac{a_j}{1-\left(\mu_j^2/z^2\right)} \right] = \widetilde{\omega}z^2\sum_{j=1}^{n}\frac{a_j}{z^2-\mu_j^2} \qquad （7\text{-}106）$$

定義一連續函數

$$T(z) = 1 - \widetilde{\omega}z^2\sum_{j=1}^{n}\frac{a_j}{z^2-\mu_j^2} \qquad （7\text{-}107）$$

在此已經知道， k_α 是特徵方程（7-88）式的解，所以當 $z = \pm 1/k_\alpha, \alpha = 1,2,\ldots,n$ 時，（7-107）式將等於零。另外，（7-107）式事實上為 z 的0次多項式，則

$$T(z)\prod_{j=1}^{n}\left(z^2-\mu_j^2\right)$$

將為 z 的 n 次多項式，其根為 $z = \pm \dfrac{1}{k_\alpha}$ ， $\alpha = 1,2,\dots,n$ ，而另一個多項式

$$\prod_{j=1}^{n}\left(1 - k_\alpha^2 z^2\right)$$

也是根為 $\pm\dfrac{1}{k_\alpha}$ 之 z 的 n 次多項式。因此這兩個多項式的差別同樣是在於一乘法常數 K' ，如下所示：

$$T(z)\prod_{j=1}^{n}\left(z^2 - \mu_j^2\right) = K'\prod_{j=1}^{n}\left(1 - k_\alpha^2 z^2\right) \qquad （7\text{-}108）$$

由（7-107）式可以知道 $T(0) = 1$ ，所以在（7-108）式中，若 $z = 0$ ，則

$$K' = (-1)^n \mu_1^2 \mu_2^2 \cdots \mu_n^2$$

至此可將（7-108）式當中的 $T(z)$ 寫為：

$$T(z) = (-1)^n \mu_1^2 \mu_2^2 \cdots \mu_n^2 \frac{\displaystyle\prod_{\alpha=1}^{n}\left(1 - k_\alpha^2 z^2\right)}{\displaystyle\prod_{\alpha=1}^{n}\left(z^2 - \mu_\alpha^2\right)}$$

$$= (-1)^n (\mu_1 \mu_2 \cdots \mu_n)^2 \frac{\prod\limits_{\alpha=1}^{n}(1-k_\alpha z)\prod\limits_{\alpha=1}^{n}(1+k_\alpha z)}{(-1)^n \prod\limits_{\alpha=1}^{n}(\mu_\alpha - z)\prod\limits_{\alpha=1}^{n}(\mu_\alpha + z)} \qquad （7\text{-}109）$$

由（7-75）式的定義，可將（7-109）式寫為：

$$T(z) = \frac{1}{H(z)H(-z)} \qquad （7\text{-}110）$$

另外在（7-107）式中，若假設 $z = \mu_0$，則

$$T(\mu_0) = 1 - \widetilde{\omega}\mu_0^2 \sum_{j=1}^{n} \frac{a_j}{\mu_0^2 - \mu_j^2} = 1 - \widetilde{\omega}\sum_{j=1}^{n} \frac{a_j}{1 - \left(\mu_j^2 / \mu_0^2\right)}$$

此式與（7-93）式的 $1/\gamma$ 相等，故

$$\gamma = \frac{1}{T(\mu_0)} = H(\mu_0)H(-\mu_0) \qquad （7\text{-}111）$$

由（7-111）式可知，未知常數 γ 可以H函數表示。

接下來將再重複前述之步驟，由（7-105）式減光定律之方程式及（7-111）式，可定義一連續函數如下：

$$S(\mu) = \sum_{\alpha=1}^{n} \frac{L_\alpha''}{1 - k_\alpha \mu} + \frac{H(\mu_0)H(-\mu_0)}{1 - (\mu/\mu_0)} \qquad （7\text{-}112）$$

與（7-66）式一樣，$S(\mu_i) = 0, i = 1,2,\ldots,n$。而由（7-112）式可將（7-105）式減光定律之方程寫為：

$$I(0, \mu) = \frac{\pi\tilde{\omega}}{4} FS(-\mu) \qquad （7\text{-}113）$$

（7-112）式為利用H函數所表示之減光定律方程。另外再假設一 μ 的 n 次多項式

$$\left(1 - \frac{\mu}{\mu_0}\right)S(\mu)\prod_{\alpha=1}^{n}(1 - k_\alpha\mu) \qquad （7\text{-}114）$$

因為 $S(\mu_i) = 0$，故當 $\mu = \mu_i$ 時，（7-114）式將等於零。由（7-114）式可進一步假設

$$\left(1 - \frac{\mu}{\mu_0}\right)S(\mu)\prod_{\alpha=1}^{n}(1 - k_\alpha\mu) = K''\prod_{\alpha=1}^{n}(\mu - \mu_\alpha) \qquad （7\text{-}115）$$

在（7-115）式中，$\displaystyle\prod_{\alpha=1}^{n}(\mu - \mu_\alpha)$ 同樣為 μ 的 n 次多項式，而 K'' 則為一乘法常數。（7-115）式在移項後可寫為：

$$S(\mu) = \frac{K''}{1 - (\mu/\mu_0)}\frac{\displaystyle\prod_{\alpha=1}^{n}(\mu - \mu_\alpha)}{\displaystyle\prod_{\alpha=1}^{n}(1 - k_\alpha\mu)} \qquad （7\text{-}116）$$

將（7-116）式與（7-74）式比較，可看到兩式的形式幾乎完全一樣，因此若重新定義乘法常數 K'' 為：

$$K'' = K' \frac{(-1)^n}{\mu_1 \mu_2 \cdots \mu_n}$$

則由（7-75）式H函數之定義，可將（7-116）式寫為：

$$S(\mu) = \frac{K'H(-\mu)}{1-(\mu/\mu_0)} \qquad （7\text{-}117）$$

接下來將要求取 K'，由（7-112）式可知

$$\left(1 - \frac{\mu}{\mu_0}\right)S(\mu) = \left(1 - \frac{\mu}{\mu_0}\right)\sum_{\alpha=1}^{n} \frac{L_\alpha''}{1-k_\alpha\mu} + H(\mu_0)H(-\mu_0)$$

當 μ 趨近於 μ_0 時

$$\lim_{\mu \to \mu_0}\left(1 - \frac{\mu}{\mu_0}\right)S(\mu) = H(\mu_0)H(-\mu_0)$$

另外在（7-117）式中，當 μ 趨近於 μ_0 時

$$\lim_{\mu \to \mu_0}\left(1 - \frac{\mu}{\mu_0}\right)S(\mu) = K'H(-\mu_0)$$

由此可知 $K' = H(\mu_0)$，則（7-117）式可寫為：

$$S(\mu) = \frac{H(\mu_0)H(-\mu)}{1-(\mu/\mu_0)}$$ （7-118）

而（7-113）式減光定律之方程式可寫為：

$$I(0,\mu) = \frac{\pi\widetilde{\omega}}{4} F \frac{\mu_0}{\mu_0 + \mu} H(\mu_0)H(\mu)$$ （7-119）

在第五章裡曾經提到錢卓塞卡所定義之散射輻射強度（（5-4）式），在方位角平均後，可將其簡化為：

$$I(0,\mu) = \frac{\pi F}{4\mu} S(\mu,\mu_0)$$ （7-120）

在此式中，$S(\mu,\mu_0)$ 為錢卓塞卡所定義之散射函數，而（7-118）式中的 $S(\mu)$ 則為錢卓塞卡在（7-105）式減光定律公式中所定義之連續函數。將（7-119）式與（7-120）式相比較，可得到：

$$\frac{\pi\widetilde{\omega}}{4} F \frac{\mu_0}{\mu_0 + \mu} H(\mu_0)H(\mu) = \frac{\pi F}{4\mu} S(\mu,\mu_0)$$

簡化後得到：

$$\left(\frac{1}{\mu} + \frac{1}{\mu_0}\right) S(\mu, \mu_0) = \tilde{\omega}\, H(\mu_0) H(\mu) \qquad （7\text{-}121）$$

（7-121）式即為利用H函數所表示的散射函數。

在第五章中曾提到之反射函數（（5-10）式）

$$R(\mu, \mu_0) = \frac{S(\mu, \mu_0)}{4\mu_0\mu}$$

由（7-121）式同樣可將此反射函數利用H函數表示如下：

$$\left(\frac{1}{\mu} + \frac{1}{\mu_0}\right) R(\mu, \mu_0) = \frac{\tilde{\omega}}{4\mu\mu_0}\, H(\mu_0) H(\mu) \qquad （7\text{-}122）$$

由（7-121）式及（7-122）式可知，若交換 μ 及 μ_0 可發現

$$S(\mu, \mu_0) = S(\mu_0, \mu)$$

$$R(\mu, \mu_0) = R(\mu_0, \mu)$$

此即為互反定律（law of reciprocity）的例子。

將前面數值解的例子（ $\mu_0 = 0.4$ ， $\tilde{\omega} = 0.8$ ， $n = 4$ ）應用在（7-105）式減光定律之公式中，所得到之結果如表7-6所示，在此表中亦

將結果與精確解（倍加法）比較。由此表可看到，$n = 4$ 時之結果是合理的。

表7-6 由（7-105）式所得到之結果以及精確解（倍加法）之比較

μ	$\left(\dfrac{I(0,\tau)}{F}\right)_{n=4}$	$\left(\dfrac{I(0,\tau)}{F}\right)_{exact}$
0.0	0.270783	0.272217
0.1	0.243725	0.248014
0.2	0.219711	0.222972
0.3	0.199753	0.202310
0.4	0.183164	0.185255
0.5	0.169225	0.170984
0.6	0.157331	0.158864
0.7	0.147081	0.148436
0.8	0.138144	0.139359
0.9	0.130277	0.131380
1.0	0.123693	0.124303

7.8 相似關係（Similarity Relations）

由之前的敘述可知，輻射場可利用三個基本的量來描述：相位函數、單次散射反照率以及光程。在這些量當中，任何的改變都會造成輻射場的變化。此時將產生一個問題，也就是能否同時改變這三個量，但輻射場仍幾乎保持不變？亦即能否將非均向散射時的單次散射反照率與光程，表示為一個與均向散射相同之形式？

研究結果發現是可行的，在第六章裡 δ -艾丁頓法的討論中我們已經看過一個例子。在（6-42）式及（6-43）式中表示了 δ -艾丁頓解及艾丁頓解之間的關係，也就是非均向散射與均向散射，兩者間的光程與單次散射反照率之關係。在1975年時Sobolev也曾提到，非均向散射及均向散射大氣中的輻射場在經過多次散射後（光程極大且 $\tilde{\omega} \approx 1$ ）將會相似。此處所提到的輻射場必須是方位角平均之輻射場。

由（3-24）式可得到在平行平面大氣中的漫射輻射場如下：

$$\mu \frac{dI}{d\tau} = I - \frac{\tilde{\omega}}{4\pi} \int I(\tau)P(\cos\theta)d\Omega \qquad （7\text{-}123）$$

假設有 r 比率的輻射是均向散射（ $P(\cos\theta)=1$ ），而剩下（ $1-r$ ）比率的輻射則可利用迪拉克 δ 函數近似，故相位函數可寫為：

$$P(\cos\theta) = r + (1-r)\delta \qquad （7\text{-}124）$$

若將（7-124）式代入（7-123）式中，則

$$\mu \frac{dI}{d\tau} = I - \frac{\tilde{\omega}}{4\pi} \int I(\tau)[r + (1-r)\delta]d\Omega$$

$$= I - \frac{\tilde{\omega}}{4\pi} r \int I(\tau)d\Omega - \frac{\tilde{\omega}}{4\pi}(1-r)4\pi I$$

$$= I[I - \tilde{\omega}(1-r)] - \frac{\tilde{\omega}}{4\pi} r \int I(\tau)d\Omega \qquad （7\text{-}125）$$

同除 $[I - \widetilde{\omega}(1-r)]$ 後得到：

$$\mu \frac{dI}{[I - \widetilde{\omega}(1-r)]d\tau} = I - \frac{\widetilde{\omega}}{4\pi} \frac{r}{1 - \widetilde{\omega}(1-r)} \int I(\tau) d\Omega \qquad （7\text{-}126）$$

若定義

$$\tau_1 = [1 - \widetilde{\omega}(1-r)]\tau \qquad （7\text{-}127）$$

$$\widetilde{\omega}_1 = \frac{\widetilde{\omega} r}{1 - \widetilde{\omega}(1-r)} \qquad （7\text{-}128）$$

則（7-126）式可寫為：

$$\mu \frac{dI}{d\tau_1} = I - \frac{\widetilde{\omega}_1}{4\pi} \int I(\tau) d\Omega \qquad （7\text{-}129）$$

在（7-123）式中，當 $P(\cos\theta) = 1$，也就是均向散射時，（7-123）式將會與（7-129）式有相同的形式。因此，在（7-124）式的假設下，（7-127）式及（7-128）式可視為（7-123）式非均向問題及（7-129）式均向問題間的轉換式，也就是相似關係。

接著需要定義（7-124）式中的 r，當前散射越多時，r 值將會越小。這可由前面曾經提到的 Henyey-Greenstein 相位函數中看到，其中的非對稱參數 g 控制了前散射峰值的大小，當前散射越大時，g 將越接近1。因此若將 r 定義為：

$$r = 1 - g \qquad\qquad (7\text{-}130)$$

則（7-127）式可寫為：

$$\tau_1 = (1 - \tilde{\omega}g)\tau \qquad\qquad (7\text{-}131)$$

（7-128）式則可寫為：

$$\tilde{\omega}_1 = \frac{\tilde{\omega}(1-g)}{1 - \tilde{\omega}g} \qquad\qquad (7\text{-}132)$$

（7-131）式及（7-132）式即為相似關係。

　　在Sobolev（1975）及Irvine（1975）的研究中指出，利用（7-131）式及（7-132）式所求得的解，在大部分的情況下是與精確解非常接近的。一般而言，求解得到的總反照率或大氣通量會比輻射強度準確。這主要是因為積分的關係，且在多次散射後，將會減少相位函數的影響。

　　表7-7是由相似關係所得到的均向及非均向散射時之單次散射反照率，而由表7-7所得到的行星反照率則如表7-8所示。圖7-4則為表7-7之結果與艾丁頓解、δ-艾丁頓解及精確解（倍加法）之比較。由此圖可以看到，當單次散射反照率越小，　且$\mu_0 \to 1$或$\mu_0 \to 0$時，由相似關係所求得的行星反照率與精確解之差距將會越大；而當$\mu_0 \approx 0.6$時，由相似關係所求得之行星反照率則最接近精確解。

表7-7 由相似關係所得到之單次散射反照率（Buglia, 1986）

$\tilde{\omega}$	$\tilde{\omega}_1$
0.99	0.9802
0.95	0.9048
0.90	0.8182

表7-8 由相似關係所得到之在不同單次散射反照率下，行星反照率隨 μ_0 之變化情形（Buglia, 1986）

μ_0	$\tilde{\omega} = 0.99$	$\tilde{\omega} = 0.95$	$\tilde{\omega} = 0.90$
0.0	0.8593	0.6915	0.5736
.1	.8285	.6377	.5121
.2	.8048	.6003	.4718
.3	.7835	.5688	.4392
.4	.7635	.5414	.4116
.5	.7447	.5169	.3877
.6	.7268	.4947	.3667
.7	.7098	.4746	.3479
.8	.6971	.4561	.3311
.9	.6772	.4391	.3159
1.0	.6616	.4234	.3020

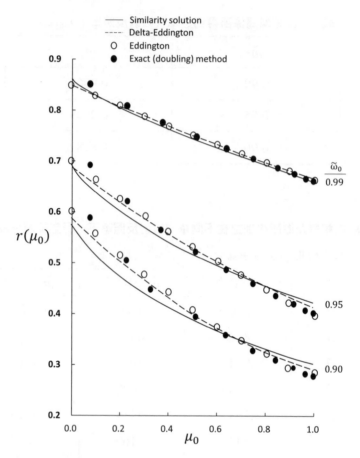

圖7-4 應用表7-8行星反照率所求得艾丁頓解、δ-艾丁頓解及精確解（倍加法）之比較（Buglia, 1986）

第八章 不變性原理（The Principle of Invariance）

　　不變性原理最初是由阿姆巴楚米揚（Ambartsumyan）在1958年所提出，之後經由錢卓塞卡等人的修改，使其更為完整。在本章中將把此原理應用在半無限且均勻之大氣中。藉由此原理，可將一積分方程式改寫為以H函數所組成之線性函數，由此線性函數則可求得H函數之解（此數值解是由疊代法求得）。

8.1 半無限均勻大氣之不變性原理

　　所謂不變性原理可說明如下：在一無限厚的大氣中，如果在其頂層再加上一層同樣光學性質的大氣，且整層大氣的反射及吸收特性仍與原來一樣，在加上這一薄層大氣後，便可計算此時整層大氣之反射及吸收函數的變化。再假設其變化為零，則可得到一個與H函數相關的線性積分方程，並可用於求解H函數。至於其推導過程將在下一章介紹。

　　在本章中，將延續Liou（1980）的推導，利用其反射及透射函數的定義，並探討本章最終所得到之方程式與錢卓塞卡所推導得到方程式之關係。

　　假設在大氣層頂所加上的一層大氣是很薄的，故在這一薄層大氣

中，最多只會有一次的散射發生。由此可知，對於一個反射離開大氣層頂的光子，在圖8-1中的五種路徑裡，只有一種會發生：

1. 此光子經過薄層的透射作用，到達無限厚大氣後反射向上，再透射離開薄層。

2. 此光子在到達無限厚大氣之前，已在薄層中經過向上單次散射，而離開薄層。

3. 此光子在薄層中先經過向下單次散射，到達無限厚大氣後反射向上，並透射離開薄層。

4. 此光子經過薄層的透射作用，到達無限厚大氣後反射向上，在薄層中再經過向上單次散射而離開薄層。

5. 此光子經過薄層的透射，到達無限厚大氣後反射向上，在薄層中經過向下單次散射再回到無限厚大氣，並再次反射向上，且透射離開薄層。

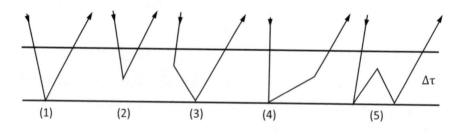

圖8-1 在無限厚大氣及其上所加之薄層間的五種單次散射情形（Liou, 1980）

假設此薄層的光程$(\Delta\tau)$遠小於1。此外，當光子在此薄層中行進時，亦假設吸收與散射作用不會同時發生。

在方位角對稱的情況下，將（4-6）式Liou對反射函數的定義省略

下標，對 ϕ' 積分後可得到：

$$I(0,\mu) = 2\int_0^1 R(\mu,\mu')I(0,-\mu')\mu'd\mu' \qquad （8\text{-}1）$$

在此式中等號右側的 $I(0,-\mu')$ 代表光程為0處的向下入射輻射強度。至於此式中的反射函數，如果在薄層中則為（5-39）式單次散射的反射函數，如下所示：

$$R(\mu,\mu_0) = \frac{\widetilde{\omega}}{4}\frac{P(\mu,-\mu_0)}{\mu+\mu_0}\left[1 - e^{-\tau^*\left(\frac{1}{\mu_0}+\frac{1}{\mu}\right)}\right] \qquad （8\text{-}2）$$

在（8-1）式中，以 μ_0 代替 μ'，再將（8-2）式代入（8-1）式，並以 $\Delta\tau$ 代替 τ^*。在薄層中，因為 $\Delta\tau \ll 1$，所以可將（8-2）式的中括號改寫為：

$$1 - e^{-\Delta\tau\left(\frac{1}{\mu_0}+\frac{1}{\mu}\right)} \approx 1 - \left[1 - \Delta\tau\left(\frac{1}{\mu_0}+\frac{1}{\mu}\right)\right] = \Delta\tau\left(\frac{1}{\mu_0}+\frac{1}{\mu}\right)$$

再利用（3-42）式錢卓塞卡的通量之定義，最後可將（8-1）式改寫為：

$$I(0,\mu) = \frac{\widetilde{\omega}\,\Delta\tau}{4\mu\mu_0}P(\mu,-\mu_0)\mu_0 F_0 \qquad （8\text{-}3）$$

在此式中，由（4-8）式可知，$\mu_0 F_0$ 代表入射之太陽輻射，此時反射函數變為：

$$R(\mu, \mu_0) = \frac{\widetilde{\omega}\,\Delta\tau}{4\mu\mu_0}\,P(\mu, -\mu_0)$$ （8-4）

當加入一薄層後，若要討論反射函數 R 的變化，最簡單的方法就是由進入及離開整層大氣之輻射開始著手，正如圖8-1中所描述的五種情況。以下將一一進行描述。

在圖8-2中，已知薄層之光程為 $\Delta\tau$ ，又 $\Delta\tau << 1$ ，故此薄層之透射函數可寫為：

$$e^{-\Delta\tau/\mu} \approx 1 - \frac{\Delta\tau}{\mu}$$

在圖8-2中，由無限厚大氣所反射，且透射離開此薄層之輻射為：

$$I(-\Delta\tau, \mu) = (1 - \Delta\tau/\mu)I(0, \mu)$$

其中

$$I(0, \mu) = I(0, -\mu_0)R(\mu, \mu_0)$$

$$I(0, -\mu_0) = (1 - \Delta\tau/\mu_0)\mu_0 F_0$$

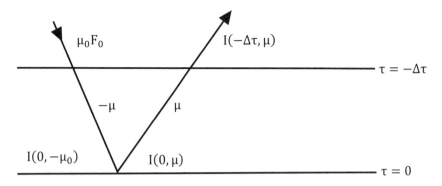

圖8-2　圖8-1中五種路徑的第一種：入射之光子經過薄層之透射後，到達無限厚大氣，被無限厚大氣所反射後，再透射離開此薄層（Buglia, 1986）

則 $I(-\Delta\tau,\mu)$ 可寫為：

$$I(-\Delta\tau,\mu)=(1-\Delta\tau/\mu)R(\mu,\mu_0)(1-\Delta\tau/\mu_0)\mu_0 F_0$$

將此式展開，由於 $\Delta\tau \ll 1$，故將 $\Delta\tau$ 的二次項省略，可得到：

$$I(-\Delta\tau,\mu)/\mu_0 F_0 = R(\mu,\mu_0) - R(\mu,\mu_0)(\Delta\tau/\mu + \Delta\tau/\mu_0)$$

此式為新的反射函數，將新的與舊的反射函數相減可得到反射函數之改變量為：

$$\Delta R_1(\mu,\mu_0) = -R(\mu,\mu_0)\Delta\tau(1/\mu_0 + 1/\mu) \qquad （8-5）$$

在圖8-3中，經過此薄層的向上單次散射後，離開此薄層之輻射
強度為：

$$I(-\Delta\tau,\mu) = R(\mu,\mu_0)\mu_0 F_0 \qquad (8\text{-}6)$$

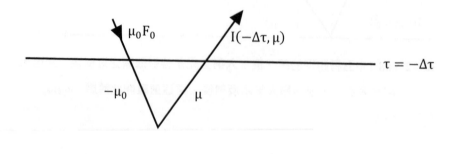

**圖8-3 圖8-1中五種路徑的第二種：入射之光子經過薄層之向上單次散射
後，離開此薄層（Buglia, 1986）**

將（8-4）式代入（8-6）式可得到：

$$I(-\Delta\tau,\mu) = \frac{\tilde{\omega}\,\Delta\tau}{4\mu\mu_0} P(\mu,-\mu_0)\mu_0 F_0 \qquad (8\text{-}7)$$

同除入射之太陽輻射強度 $\mu_0 F_0$ 後，可得到反射函數之改變量為：

$$\Delta R_2(\mu,\mu_0) = \frac{\tilde{\omega}\,\Delta\tau}{4\mu\mu_0} P(\mu,-\mu_0) \qquad (8\text{-}8)$$

在圖8-4中，入射之輻射在薄層中先經過向下單次散射，到達無限厚大氣後反射向上，並透射離開薄層，此時離開薄層之輻射強度為：

$$I(-\Delta\tau,\mu) = (1-\Delta\tau/\mu)I(0,\mu)$$

其中

$$I(0,\mu) = I(0,-\mu')R(\mu,\mu')$$

$$I(0,-\mu') = \left(\frac{\widetilde{\omega}\,\Delta\tau}{4\mu'\mu_0}\right)P(-\mu',-\mu_0)\mu_0 F_0$$

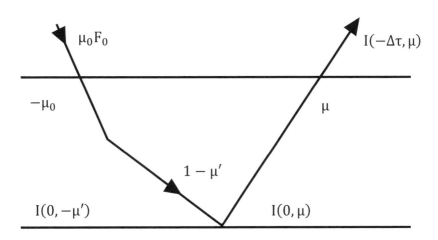

圖8-4　圖8-1中五種路徑的第三種：入射之光子在薄層中先經過向下單次散射，到達無限厚大氣後反射向上，並透射離開薄層（Buglia, 1986）

但所有可能的 μ' 都必須要考慮，故由（8-1）式可得到：

$$I(-\Delta\tau,\mu) = \left(1 - \frac{\Delta\tau}{\mu}\right) 2\int_0^1 R(\mu,\mu') \frac{\widetilde{\omega}\Delta\tau}{4\mu'\mu_0} P(-\mu',-\mu_0)\mu_0 F_0\mu'd\mu'$$

$$= \mu_0 F_0 \frac{\widetilde{\omega}\Delta\tau}{2\mu_0} \left(1 - \frac{\Delta\tau}{\mu}\right)\int_0^1 R(\mu,\mu')P(-\mu',-\mu_0)d\mu'$$

將 $\Delta\tau$ 的二次項省略,並同除入射之太陽輻射強度 $\mu_0 F_0$ 後,可得到反射函數之改變量為:

$$\Delta R_3(\mu,\mu_0) = \frac{\widetilde{\omega}\Delta\tau}{2\mu_0} \int_0^1 R(\mu,\mu')P(-\mu',-\mu_0)d\mu' \qquad (8\text{-}9)$$

在圖8-5中,經過薄層的透射及無限厚大氣的反射後,在薄層中再經由向上單次散射而離開薄層的輻射強度為:

$$I(-\Delta\tau,\mu) = \left(\frac{\widetilde{\omega}\Delta\tau}{4\mu\mu'}\right) P(\mu,\mu')I(0,\mu')$$

其中

$$I(0,\mu') = I(0,-\mu_0)R(\mu',\mu_0)$$

$$I(0,-\mu_0) = (1 - \Delta\tau/\mu_0)\mu_0 F_0$$

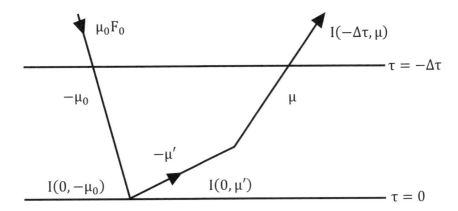

圖8-5　圖8-1中五種路徑的第四種：入射之光子經過薄層的透射後，到達無
　　　　限厚大氣並反射向上，在薄層中再經過向上單次散射而離開薄層
　　　　（**Buglia, 1986**）

同樣考慮所有可能的 μ'，故由（8-1）式可得到：

$$I(-\Delta\tau, \mu) = \left(1 - \frac{\Delta\tau}{\mu}\right) 2\int_0^1 R(\mu', \mu_0) \frac{\widetilde{\omega}\,\Delta\tau}{4\mu'\mu} P(\mu, \mu')\mu_0 F_0 \mu' d\mu'$$

$$= \mu_0 F_0 \frac{\widetilde{\omega}\,\Delta\tau}{2\mu}\left(1 - \frac{\Delta\tau}{\mu}\right)\int_0^1 R(\mu', \mu_0) P(\mu, \mu') d\mu'$$

將 $\Delta\tau$ 的二次項省略，並同除入射之太陽輻射強度 $\mu_0 F_0$ 後，可得到反
射函數之改變量為：

$$\Delta R_4(\mu, \mu_0) = \frac{\widetilde{\omega}\Delta\tau}{2\mu_0}\int_0^1 R(\mu', \mu_0) P(\mu, \mu') d\mu' \qquad （8-10）$$

在圖8-6中，經過薄層的透射，到達無限厚大氣後反射向上，在薄層中經過向下單次散射再回到無限厚大氣，被無限厚大氣反射後，透射離開薄層之輻射強度為：

$$I(-\Delta\tau, \mu) = (1 - \Delta\tau/\mu)I(0, \mu) \qquad (8\text{-}11)$$

其中

$$I(0, \mu) = R(\mu, \mu')I(0, -\mu')$$

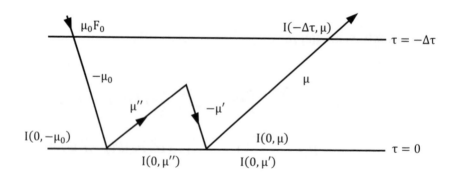

圖8-6 圖8-1中五種路徑的最後一種：入射之光子經過薄層的透射，到達無限厚大氣後反射向上，在薄層中經過向下單次散射再回到無限厚大氣，被無限厚大氣反射後，透射離開薄層（Buglia, 1986）

同樣需考慮所有可能的 μ'，故由（8-1）式可得到：

$$I(0, \mu) = 2\int_0^1 \mu' R(\mu, \mu') I(0, -\mu') d\mu'$$

又

$$I(0, -\mu') = \frac{\widetilde{\omega} \Delta \tau}{4\mu' \mu''} P(-\mu', \mu'') I(0, \mu'')$$

故 $I(0, \mu)$ 可寫為：

$$I(0, \mu) = \frac{\widetilde{\omega} \Delta \tau}{2\mu''} I(0, \mu'') \int_0^1 R(\mu, \mu') P(-\mu', \mu'') d\mu'$$

將此式代入（8-11）式中，同樣將 $\Delta \tau$ 的二次項省略，可得到：

$$I(-\Delta \tau, \mu) = \frac{\widetilde{\omega} \Delta \tau}{2\mu''} I(0, \mu'') \int_0^1 R(\mu, \mu') P(-\mu', \mu'') d\mu' \quad （8\text{-}12）$$

其中

$$I(0, \mu'') = I(0, -\mu_0) R(\mu'', \mu_0)$$

$$I(0, -\mu_0) = \left(1 - \frac{\Delta \tau}{\mu_0}\right) \mu_0 F_0$$

故

$$I(0, \mu'') = \left(1 - \frac{\Delta\tau}{\mu_0}\right) R(\mu'', \mu_0)\mu_0 F_0 \qquad (8\text{-}13)$$

將（8-13）式代入（8-12）式，省略 $\Delta\tau$ 的二次項，並考慮所有可能的 μ''，可得到：

$$I(-\Delta\tau, \mu) = 2\mu_0 F_0 \int_0^1 \mu'' d\mu'' \frac{\widetilde{\omega}\Delta\tau}{2\mu''} R(\mu'', \mu_0)\int_0^1 R(\mu, \mu')P(-\mu', \mu'')d\mu'$$

整理此式之後，同除入射之太陽輻射強度 $\mu_0 F_0$，可得到：

$$\Delta R_5(\mu, \mu_0) = \widetilde{\omega}\Delta\tau \int_0^1 R(\mu, \mu')d\mu' \int_0^1 R(\mu'', \mu_0)P(-\mu', \mu'')d\mu'' \qquad (8\text{-}14)$$

至此，根據不變性原理可知：

$$\Delta R_1 + \Delta R_2 + \Delta R_3 + \Delta R_4 + \Delta R_5 = 0 \qquad (8\text{-}15)$$

而將（8-5）式、（8-8）式、（8-9）式、（8-10）式及（8-14）式代入（8-15）式中，同除 $\Delta\tau$ 再經過移項整理後可得到：

$$\left(\frac{1}{\mu_0} + \frac{1}{\mu}\right) R(\mu, \mu_0) = \frac{\widetilde{\omega}}{4\mu\mu_0}\{P(\mu, -\mu_0)$$
$$+ 2\mu\int_0^1 P(-\mu', -\mu_0)R(\mu, \mu')d\mu'$$

$$+ 2\mu_0 \int_0^1 P(\mu, \mu') R(\mu', \mu_0) d\mu'$$

$$+ [2\mu \int_0^1 R(\mu, \mu') d\mu']$$

$$\times [2\mu_0 \int_0^1 P(-\mu', \mu'') R(\mu'', \mu_0) d\mu'']\} \qquad (8\text{-}16)$$

此式即為我們所希望得到之反射函數積分方程。需要注意的是此式是非線性的。而此式在使用時唯一的限制是必須要在均勻、平行平面且半無限之大氣中。

接下來將考慮均向散射的情況，此時（8-16）式中所有的相位函數都將會等於1，故（8-16）式可寫為：

$$\left(\frac{1}{\mu_0} + \frac{1}{\mu} \right) R(\mu, \mu_0) = \frac{\widetilde{\omega}}{4\mu\mu_0} [1 + 2\mu \int_0^1 R(\mu, \mu') d\mu'$$
$$+ 2\mu_0 \int_0^1 R(\mu', \mu_0) d\mu'$$
$$+ 4\mu\mu_0 \int_0^1 R(\mu, \mu') d\mu' \int_0^1 R(\mu'', \mu_0) d\mu''] \qquad (8\text{-}17)$$

在此式中，如果將 μ 與 μ_0 對調，所得到的方程式仍然與原來一樣，但這並不足以證明 $R(\mu, \mu_0)$ 與 $R(\mu_0, \mu)$ 是相等的。之後錢卓塞卡（1960）經過了一系列的分析之後，證明了下式是成立的：

$$R(\mu, \mu_0) = R(\mu_0, \mu) \qquad (8\text{-}18)$$

這也是互反定理的另一種形式。

將（8-17）式等號右側因式分解後，可將（8-17）式寫為：

$$
\begin{aligned}
&\left(\frac{1}{\mu_0} + \frac{1}{\mu}\right) R(\mu, \mu_0) \\
&= \frac{\widetilde{\omega}}{4\mu\mu_0} \left[1 + 2\mu\int_0^1 R(\mu, \mu')d\mu'\right]\left[1 + 2\mu_0\int_0^1 R(\mu', \mu_0)d\mu'\right]
\end{aligned}
\tag{8-19}
$$

將H函數定義為：

$$
H(\mu) = 1 + 2\mu\int_0^1 R(\mu, \mu')d\mu' \tag{8-20}
$$

則（8-19）式可寫為：

$$
\left(\frac{1}{\mu_0} + \frac{1}{\mu}\right) R(\mu, \mu_0) = \frac{\widetilde{\omega}}{4\mu\mu_0} H(\mu)H(\mu_0) \tag{8-21}
$$

（8-20）是H函數的另一種定義，此式並沒有包含任何的近似。

如果將（8-21）式寫為：

$$
R(\mu, \mu_0) = \frac{\widetilde{\omega}}{4} \frac{H(\mu)H(\mu_0)}{\mu + \mu_0} \tag{8-22}
$$

將（8-22）式代入（8-20）式可得到：

$$H(\mu) = 1 + \frac{\tilde{\omega}}{2} \mu H(\mu) \int_0^1 \frac{H(\mu')d\mu'}{\mu + \mu'} \qquad （8\text{-}23）$$

這就是前面曾經提到的H函數之積分方程。由此式可利用疊代法求得不同準確度的 $H(\mu)$。

8.2 H函數與反射函數

錢卓塞卡（1960）則以較為複雜的推導過程，得到（8-19）式以及後續的關係式，最後並求得與（8-17）式之形式非常類似的散射函數，此散射函數可由（8-17）式以及（4-10）式求得。在（8-17）式的推導過程中，如果能夠完全了解其物理意義，將會有助於了解錢卓塞卡的分析。

在以疊代法求解（8-23）式時，可由 $H(\mu)$ 的平均值 (H_0) 開始著手，首先定義

$$H_0 = \int_0^1 H(\mu)\,d\mu \qquad （8\text{-}24）$$

將（8-23）式乘上 $d\mu$ 並積分得到：

$$\int_0^1 H(\mu)\,d\mu = 1 + \frac{\tilde{\omega}}{2} \int_0^1\!\!\int_0^1 \frac{H(\mu)H(\mu')}{\mu + \mu'} \mu\, d\mu'\, d\mu$$

在此式中將 μ 與 μ' 互換，可得到另一個方程式，將這兩個方程式相加可得到：

$$2\int_0^1 H(\mu)d\mu = 2 + \frac{\widetilde{\omega}}{2}\left[\int_0^1\int_0^1 \frac{H(\mu)H(\mu')}{\mu+\mu'}\mu\,d\mu'\,d\mu + \int_0^1\int_0^1 \frac{H(\mu')H(\mu)}{\mu'+\mu}\mu'\,d\mu\,d\mu'\right]$$

$$= 2 + \frac{\widetilde{\omega}}{2}\left[\int_0^1\int_0^1 H(\mu)H(\mu')\,d\mu\,d\mu'\right]$$

利用（8-24）式的定義，可將上式寫為：

$$H_0 = 1 + \frac{\widetilde{\omega}}{4}H_0^2$$

則 H_0 的解為：

$$H_0 = \frac{2}{\widetilde{\omega}}\left(1 \pm \sqrt{1-\widetilde{\omega}}\right) \qquad\qquad （8\text{-}25）$$

在（8-25）式當中，括號內加號之解在之後計算行星反照率時，可能會出現負值，故將此不合理的 H_0 刪去，得到：

$$H_0 = \frac{2}{\widetilde{\omega}}\left(1 - \sqrt{1-\widetilde{\omega}}\right) \qquad\qquad （8\text{-}26）$$

接下來要嘗試將（4-17）式行星反照率以H函數表示。在（4-17）式中，對方位角 ϕ 積分後可得到：

$$r(\mu_0) = 2\int_0^1 R(\mu, \mu_0)\mu\, d\mu$$

將（8-22）式代入上式後得到：

$$r(\mu_0) = \frac{\widetilde{\omega}}{2} H(\mu_0)\int_0^1 H(\mu)\left(1 - \frac{\mu_0}{\mu_0 + \mu}\right)d\mu$$

$$= \frac{\widetilde{\omega}}{2} H(\mu_0)\left[\int_0^1 H(\mu)\,d\mu - \mu_0\int_0^1 \frac{H(\mu)}{\mu_0 + \mu}\,d\mu\right]$$

將（8-23）式、（8-24）式及（8-26）式代入上式，可得到：

$$r(\mu_0) = 1 - H(\mu_0)\sqrt{1 - \widetilde{\omega}} \qquad （8\text{-}27）$$

圖8-7即為（8-27）式中，在不同的 $\widetilde{\omega}$ 時，$r(\mu_0)$ 隨著 μ_0 之變化情形，其中H函數則是由錢卓塞卡之精確解求得。

　　將（8-27）式代入（4-23）式可得到球面反照率如下：

$$\bar{r} = 1 - 2\sqrt{1 - \widetilde{\omega}}\int_0^1 \mu_0 H(\mu_0)\,d\mu_0 \qquad （8\text{-}28）$$

在此式中，H函數的積分是以數值方法求得，圖8-8即為（8-28）式中球面反照率與單次散射反照率間之關係。

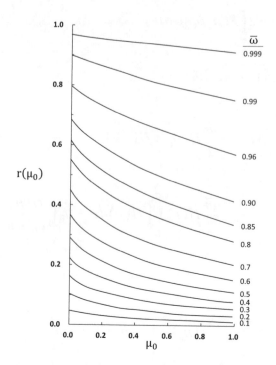

圖8-7 由錢卓塞卡H函數所計算得到,在均向且半無限大氣中,不同單次散射反照率時,行星反照率隨著 μ_0 之變化情形(Buglia, 1986)

　　由雙流解可得到H函數接近解析之形式,並可求得反射函數。在雙流解的例子裡,$n=1$ 、$\mu=1/\sqrt{3}$ 、$a_1=1$,將這些數值代入(7-88)式特徵方程裡,可得到特徵值為:

$$k = \sqrt{3(1-\widetilde{\omega})}$$

將此特徵值代入(7-75)式H函數之定義中可得到:

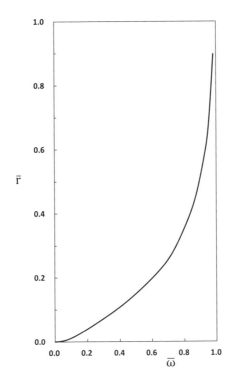

圖8-8　（8-28）式中球面反照率與單次散射反照率之關係（Buglia, 1986）

$$H(\mu) = \frac{1 + \mu\sqrt{3}}{1 + \mu\sqrt{3(1-\widetilde{\omega})}}$$ （8-29）

將（8-29）式代入（8-22）式反射函數後可得到：

$$R(\mu, \mu_0) = \frac{\widetilde{\omega}}{4(\mu + \mu_0)} \frac{\left(1 + \mu\sqrt{3}\right)\left(1 + \mu_0\sqrt{3}\right)}{\left[1 + \mu\sqrt{3(1-\widetilde{\omega})}\right]\left[1 + \mu_0\sqrt{3(1-\widetilde{\omega})}\right]}$$ （8-30）

此式即為由雙流解所得到之反射函數。如果利用 $n=4$（八流解）來求得H函數及反射函數，並選擇 $\mu_0 = 0.5$ 、 $\tilde{\omega} = 0.8$，所求得之反射函數如表8-1所示。由此結果可知，由八流解所求得之H函數及反射函數較雙流解之結果準確。

表8-1 利用雙流、八流及精確解所求得之反射函數 $R(\mu, \mu_0)$ 隨 μ 之變化

μ	雙流解	八流解	精確解
0.0	0.53803	0.56256	0.56528
0.1	0.49378	0.52749	0.53645
0.2	0.46589	0.48915	0.49607
0.3	0.44759	0.45399	0.45950
0.4	0.43529	0.42289	0.42745
0.5	0.42689	0.39559	0.39943
0.6	0.42112	0.37152	0.37488
0.7	0.41717	0.35022	0.35318
0.8	0.41450	0.33124	0.33391
0.9	0.41276	0.31423	0.31666
1.0	0.41169	0.29891	0.30114

8.3 H函數的一階解

在（8-26）中已得到 $H(\mu)$ 的零階解（zeroth-order solution），若將此零階解作為 $H(\mu)$ 的初估值（first guess），代入（8-23）式的等號右側後將可得到一階解如下：

$$H_1 = 1 + \frac{\tilde{\omega}}{2} \mu H_0^2 \int_0^1 \frac{d\mu'}{\mu + \mu'}$$

$$H_1 = 1 + \frac{\tilde{\omega}}{2} \mu H_0^2 \ln\left(\frac{1 + \mu}{\mu}\right) \qquad （8\text{-}31）$$

另一種求解 $H(\mu)$ 一階解的方法則是將（8-23）式中等號兩側的 $H(\mu)$ 皆視為待求之解，故將（8-23）式移項整理後，將所有的 $H(\mu)$ 移至等號左側，整理後可得到：

$$H(\mu) = \left[1 - \frac{\tilde{\omega}}{2} \mu \int_0^1 \frac{H(\mu')d\mu'}{\mu + \mu'} \right]^{-1}$$

將等號右側的 $H(\mu')$ 積分項以 H_0 取代，可得到：

$$H_1(\mu) = \left[1 - \frac{\tilde{\omega}}{2} \mu H_0 \ln\left(\frac{1 + \mu}{\mu}\right) \right]^{-1} \qquad （8\text{-}32）$$

由（8-31）式及（8-32）式可分別求得H函數的一階解，將這兩式所求得之一階解分別代入（8-27）式，可得到行星反照率的解。圖8-9為利用（8-31）式及（8-32）式的H函數一階解與錢卓塞卡H函數精確解，分別求得之行星反照率的比較。當大氣中的吸收作用較強時（$\tilde{\omega} \ll 1$），由（8-31）式及（8-32）式所求得之行星反照率皆與精確解較為接近。由（8-32）式所求得之行星反照率在單次散射反照率（$\tilde{\omega}$）較大時（接近散射守恆），則可得到較佳的結果。另外當 $\tilde{\omega}$ 越大時，

代表吸收作用越小，則與精確解之差距會越大；當 $\widetilde{\omega}$ 越小時，代表吸收作用越大，則與精確解之差距將會較小。

　　將（8-31）式及（8-32）式分別代回（8-23）式，可得到二階解，但其方程式將會變得較為複雜，若有需求仍可利用此方程式求得二階近似解。表8-2則為 $\widetilde{\omega}=0.5$ 時，（8-31）式及（8-32）式之H函數一階解與精確解之比較。

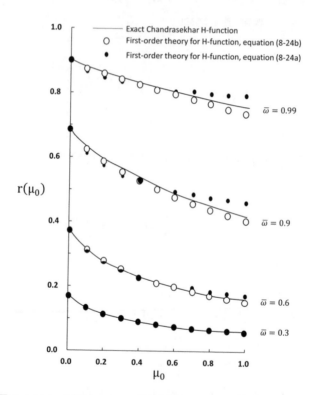

圖8-9 利用（8-31）式及（8-32）式的H函數一階解與錢卓塞卡H函數精確解，分別求得之行星反照率的比較（Buglia, 1986）

表8-2 當 $\widetilde{\omega} = 0.5$ 時，由（8-31）及（8-32）式所求得之 H_1 與錢卓塞卡精確解的比較

μ	（8-31）式	（8-32）式	精確解
0.0	1.00000	1.00000	1.00000
0.1	1.07935	1.07554	1.07241
0.2	1.11315	1.11727	1.11349
0.3	1.13281	1.14790	1.14391
0.4	1.14615	1.17202	1.16800
0.5	1.15721	1.19174	1.18776
0.6	1.16848	1.20826	1.20436
0.7	1.18146	1.22237	1.21858
0.8	1.19706	1.23459	1.23091
0.9	1.21578	1.24528	1.24171
1.0	1.23785	1.25473	1.25128

　　在此所提到的疊代過程，當 $\widetilde{\omega}$ 較小時，$H(\mu)$ 之解很快就會收斂，但當 $\widetilde{\omega}$ 越接近1時，則需要越多次的疊代。在本章最後即列出疊代法所求得之均向散射情況下H函數的解（表8-3）。另外，如果直接使用（8-23）式進行疊代，其收斂之情形將如圖8-10所示。

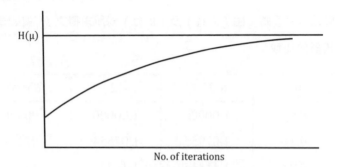

圖8-10 對（8-23）式進行疊代所得到之結果（Buglia, 1986）

錢卓塞卡（1960）曾提到，利用（8-23）式進行疊代時，其收斂速度較慢，因此提出了另一個H函數的積分方程

$$\frac{1}{H(\mu)} = \sqrt{1-\widetilde{\omega}} + \frac{\widetilde{\omega}}{2}\int_0^1 \frac{\mu'H(\mu')}{\mu+\mu'}d\mu' \qquad （8-33）$$

如果直接使用（8-33）式進行疊代，其收斂速度並沒有明顯的加快（如圖8-11所示）。但如果使用第零次與第一次疊代的平均作為第二次估計值（second guess），第二次與第三次的平均作為第四次估計值（fourth guess），以此類推，則收斂之速度可能會加快，其收斂之情形也將會與圖8-11不同。

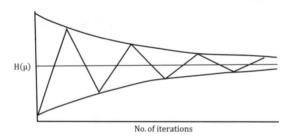

圖8-11 對（8-33）式進行疊代所得到之結果（Buglia, 1986）

表8-3 均向散射時疊代法所求得之H函數解（Chandrasekhar, 1960）

μ	$\widetilde{\omega} = 0.1$	$\widetilde{\omega} = 0.2$	$\widetilde{\omega} = 0.3$	$\widetilde{\omega} = 0.4$	$\widetilde{\omega} = 0.5$
0.00	1.000000	1.000000	1.000000	1.000000	1.000000
0.05	1.007841	1.016118	1.024902	1.034293	1.044428
0.10	1.012385	1.025632	1.039895	1.055387	1.072402
0.15	1.015844	1.032948	1.051553	1.071988	1.094720
0.20	1.018645	1.038919	1.061149	1.085784	1.113465
0.25	1.020993	1.043956	1.069300	1.097594	1.129654
0.30	1.023006	1.048296	1.076365	1.107899	1.143889
0.35	1.024760	1.052095	1.082581	1.117017	1.156568
0.40	1.026306	1.055459	1.088110	1.125169	1.167971
0.45	1.027685	1.058467	1.093072	1.132519	1.178306
0.50	1.028922	1.061177	1.097559	1.139192	1.187734
0.55	1.030042	1.063634	1.101641	1.145285	1.196381
0.60	1.031060	1.065875	1.105375	1.150876	1.204347
0.65	1.031991	1.067929	1.108805	1.156030	1.211717
0.70	1.032846	1.069820	1.111971	1.160799	1.218559
0.75	1.033635	1.071567	1.114903	1.165227	1.224932
0.80	1.034365	1.073187	1.117626	1.169352	1.230885
0.85	1.035043	1.074694	1.120165	1.173203	1.236459
0.90	1.035674	1.076099	1.122536	1.176810	1.241693
0.95	1.036264	1.077413	1.124758	1.180196	1.246617
1.00	1.036816	1.078645	1.126844	1.183380	1.251259
Mean	1.026334	1.055728	1.088933	1.127017	1.171573
1st mom.	0.515611	0.533155	0.553122	0.576214	0.603486

表8-3 續（Chandrasekhar, 1960）

μ	$\widetilde{\omega}=0.6$	$\widetilde{\omega}=0.7$	$\widetilde{\omega}=0.8$	$\widetilde{\omega}=0.85$	$\widetilde{\omega}=0.90$
0.00	1.000000	1.000000	1.000000	1.000000	1.000000
0.05	1.055513	1.067885	1.082180	1.090455	1.099980
0.10	1.091388	1.113078	1.138860	1.154176	1.172201
0.15	1.120454	1.150357	1.186654	1.208633	1.234933
0.20	1.145168	1.182519	1.228642	1.257015	1.291436
0.25	1.166734	1.210934	1.266321	1.300861	1.343268
0.30	1.185867	1.236418	1.300586	1.341086	1.391346
0.35	1.203043	1.259515	1.332031	1.378299	1.436276
0.40	1.218599	1.280617	1.361086	1.412937	1.478491
0.45	1.232788	1.300016	1.388077	1.445334	1.518322
0.50	1.245806	1.317943	1.413259	1.475753	1.556029
0.55	1.257807	1.334580	1.436839	1.504405	1.591821
0.60	1.268919	1.350077	1.458986	1.531467	1.625876
0.65	1.279244	1.364560	1.479845	1.557089	1.658340
0.70	1.288870	1.378134	1.499537	1.581397	1.689343
0.75	1.297870	1.390887	1.518166	1.604501	1.718996
0.80	1.306306	1.402899	1.535825	1.626499	1.747398
0.85	1.314234	1.414235	1.552593	1.647475	1.774634
0.90	1.321700	1.424955	1.568540	1.667505	1.800784
0.95	1.328745	1.435109	1.583730	1.686656	1.825916
1.00	1.335406	1.444745	1.598217	1.704989	1.850095
Mean	1.225148	1.292221	1.381966	1.441651	1.519494
1st	0.636634	0.678670	0.735817	0.774378	0.825317

表8-3 續（Chandrasekhar, 1960）

μ	$\widetilde{\omega}=0.92$	$\widetilde{\omega}=0.94$	$\widetilde{\omega}=0.96$	$\widetilde{\omega}=0.98$	$\widetilde{\omega}=0.99$
0.00	1.000000	1.000000	1.000000	1.000000	1.000000
0.05	1.104330	1.109161	1.114731	1.121700	1.126408
0.10	1.180588	1.190025	1.201077	1.215196	1.224940
0.15	1.247339	1.261434	1.278137	1.299801	1.314988
0.20	1.307860	1.326672	1.349186	1.378764	1.399768
0.25	1.363707	1.387286	1.415750	1.453571	1.480738
0.30	1.415788	1.444169	1.478699	1.525056	1.558707
0.35	1.464702	1.497907	1.538598	1.593750	1.634178
0.40	1.510876	1.548914	1.595842	1.660019	1.707496
0.45	1.554634	1.597502	1.650726	1.724130	1.778906
0.50	1.596228	1.643917	1.703480	1.786286	1.848594
0.55	1.635867	1.688357	1.754287	1.846650	1.916703
0.60	1.673720	1.730986	1.803301	1.905354	1.983349
0.65	1.709935	1.771944	1.850652	1.962507	2.048627
0.70	1.744637	1.811351	1.896449	2.018205	2.112617
0.75	1.777935	1.849314	1.940791	2.072528	2.175388
0.80	1.809926	1.885924	1.983763	2.125549	2.236997
0.85	1.840696	1.921266	2.025441	2.177330	2.297498
0.90	1.870323	1.955413	2.065896	2.227929	2.356936
0.95	1.898876	1.988434	2.105188	2.277398	2.415353
1.00	1.926417	2.020389	2.143376	2.325784	2.472787
Mean	1.559038	1.606492	1.666667	1.752201	1.818182
1st	0.851467	0.883087	0.923548	0.981749	1.027182

表8-3 續（Chandrasekhar, 1960）

μ	$\widetilde{\omega} = 0.995$	$\widetilde{\omega} = 0.999$
0.00	1.000000	1.000000
0.05	1.129618	1.133736
0.10	1.231690	1.240491
0.15	1.325628	1.339664
0.20	1.414627	1.434417
0.25	1.500122	1.526160
0.30	1.582903	1.615664
0.35	1.663460	1.703400
0.40	1.742120	1.789679
0.45	1.819117	1.874719
0.50	1.894621	1.958680
0.55	1.968765	2.041679
0.60	2.041654	2.123810
0.65	2.113372	2.205145
0.70	2.183989	2.285743
0.75	2.253563	2.365652
0.80	2.322145	2.444913
0.85	2.389778	2.523558
0.90	2.456500	2.601616
0.95	2.522344	2.679111
1.00	2.587341	2.756066
Mean	1.867918	1.938693
1st mom.	1.061731	1.111331

第九章 輻射傳送原理中的其他相關問題

在本書中，仍有許多輻射傳送原理的問題尚未提到。本章將簡要的描述部分的問題，以強化對相關問題的瞭解。此外亦將介紹幾篇對這些輻射傳送問題有詳細描述的參考文獻。

9.1 光學參數的計算

在本書中所討論的方法，皆假設輻射傳送方程裡的光學參數（光程、相位函數、非對稱參數、單次散射反照率等）為已知。這些參數在大部分的情況下可利用數值或理論方法計算至可接受的準確度，其計算的過程包括有精確及近似法，不過如果要詳細的描述這些方法，將需要額外更多的篇幅。

對於均勻大氣，其光程可針對某一頻率及路徑計算求得，其難度並不高。但所有的觀測儀器在量測輻射強度時有其波段或頻率之限制，而吸收係數隨頻率之變動程度也非常大，對單一頻率而言，其單色吸收係數可能是由於其附近的數十條吸收線之貢獻。因此，對於觀測資料而言，最重要的就是能否得到吸收線中心的位置、吸收線強度以及形狀。此外，吸收線是廣泛存在的，故吸收線之間可能會有不同程度的重疊，因此光譜解析必須要非常細，才能在特定波段內求得總

吸收量。但前述之光學參數（光程、相位函數、非對稱參數、單次散射反照率等）隨著高度（由於壓力與溫度會隨著高度而改變，而吸收線又會受到壓力與溫度的影響）、頻率之變動程度相當大，造成總吸收量與這些光學參數間呈現一非線性關係，使得問題變得更加複雜。所以，通常會利用對波長、角度及高度的積分，以完整地描述輻射的吸收特性。

頻帶模式（band model）主要是希望在處理較簡單的問題時，能減少對頻率的積分，因此吸收線中心及強度的分布已經事先假設，使得頻帶模式可由基本參數的函數所組成。藉由此種方法已產生數種常用的頻帶模式，在許多大氣物理的應用上被廣泛使用，例如氣候模式以及大氣熱結構（thermal structure）之研究。關於頻帶模式的推導及應用，可參考Goody（1964）、Rodgers（1976）及Anding（1969）的論文。

關於粒子的散射，當粒徑遠小於入射輻射的波長時（如：分子散射（molecular scattering）），可利用瑞立學說（Rayleigh theory）準確地描述粒子的散射特性（Liou, 1980; Van de Hulst, 1957）。當粒徑非常大時，則常使用線軌法（ray tracing）來描述其散射特性（Liou, 1980）。至於中等大小的粒子則常造成一些計算上的問題，此時最常使用的理論則是米氏學說（Mie theory）（Liou, 1980; Van de Hulst, 1957; Stratton, 1947），雖然有些研究曾經成功的將此學說應用在圓柱狀或平板狀的粒子（Liou, 1980; Van de Hulst, 1957; Kerker, 1969），但基本上此學說只有在球形粒子的情況下才能夠完整的應用。在此學說中，相位函數、吸收及散射截面（cross section）等光學特性，僅為以下兩參數之函數，且與壓力及溫度無關：

1. 入射輻射之波長與粒徑之比率。

2. 粒子之折射指數（實部與散射作用有關、虛部與吸收作用有關）。

  實際上粒子的形狀也會影響到粒子的散射特性，對不同形狀的粒子，相位函數、吸收及散射截面等光學特性也會不同。如果已經知道粒徑之分布，則可計算得到單位體積之整體散射特性（多徑瀰散（polydispersion））（Liou, 1980; Deirmendjian, 1969）。一般而言，由於單位體積內的粒子總數與粒徑分布會隨高度而變，故粒子多徑瀰散之散射特性隨著高度會有很大的改變。

  如同前面所述，這些計算過程已經完整的發展且被廣泛的應用，但計算的細節非常複雜，且需要花費相當多的時間。有些文獻中曾提到米氏理論的近似結果，此理論可適用於一些準確度需求不高的研究，例如氣候模式以及氣膠對全球氣候之影響（Van de Hulst, 1957; Penndorf, 1962; Plass, 1966）。

9.2 有限均勻大氣（Finite Homogeneous Atmosphere）

  在本書中，離散縱標法（第七章）及不變性原理（第八章）只適用於半無限且均勻之大氣中的均向散射。錢卓塞卡（1960）及Sobolev（1975）的研究中將這些方法應用於有限且均勻之大氣中，其中相位函數則限制在某個應用範圍內。

  在有限大氣中，不變性原理可以簡單的說明如下。在有限大氣的頂層，若加上一相同光學性質的無限薄大氣，此時可以計算得到整層大氣之反射及透射函數的改變量。同樣的，如果在有限大氣的底層加上一無限薄大氣，此時亦可計算得到反射及透射函數的改變量。而加

在頂層及底層時之改變量必定是相等的，因此可得到兩個在有限大氣
中，反射及透射函數之偶合非線性積分微分方程（coupled nonlinear
integro-differential equations），此方程式與（8-16）式非常類似。在移
項及因式分解後，反射及透射函數可利用與H函數類似之項來表示，
這也就是錢卓塞卡的X及Y函數，可用來描述有限大氣中均向輻射的
反射及透射函數。進一步推導可得到一組與（8-23）式類似之偶合積
分方程，在此之後，由大氣頂層及底層進入之輻射能量隨著角度之分
布，即可利用與（7-121）式相似之方程式表示。

X及Y函數與H函數一樣，在不同的相位函數下，可計算得到其
值。而當有限大氣的厚度逐漸增加，且接近半無限大氣時，X函數會
接近H函數，Y函數則會趨近於零。因此，X函數與有限大氣的反射特
性有關，Y函數則與透射特性有關。

對於一非常薄之大氣而言，X函數將會接近1，Y函數則會近似於
$e^{-\tau^*/\mu_0}$，而最後所得到之輻射強度之方程式則會簡化至單次散射解，
如同在第六章中的描述。

9.3 非均向散射

在第二章當中曾經提到，在許多情況下相位函數可利用散射角的
勒壤得多項式展開來描述。在半無限大氣及有限大氣中，除了已將相
位函數以勒壤得多項式展開描述，若再利用不變性原理，則將可得到
一個H函數之積分方程（在半無限大氣時）：

$$H(\mu) = 1 + \frac{\widetilde{\omega}}{2}\mu H(\mu)\int_0^1 \frac{H(\mu')d\mu'}{\mu+\mu'} \qquad （9\text{-}1）$$

或是兩個X及Y函數（在有限大氣時）之偶合積分方程

$$X(\mu) = 1 + \frac{1}{2}\widetilde{\omega}_0\mu\int_0^1 \frac{d\mu'}{\mu+\mu'}\left[X(\mu)X(\mu')-Y(\mu)Y(\mu')\right] \qquad （9\text{-}2）$$

$$Y(\mu) = e^{-\tau_1/\mu} + \frac{1}{2}\widetilde{\omega}_0\mu\int_0^1 \frac{d\mu'}{\mu-\mu'}\left[Y(\mu)X(\mu')-X(\mu)Y(\mu')\right] \qquad （9\text{-}3）$$

其中勒壤得展開式當中的每一項皆可由這些積分方程所組成。此時會產生許多的數值問題，因此除了均向散射及一些瑞立散射的結果外，目前並沒有人整合上述各函數之數值結果。然而，即使是較簡單的雙流展開及二項瑞立展開，其計算上的難度依舊相當的高，因此在錢卓塞卡的書中也僅列出部分的數值結果。

在某些個案中，也許可應用相似關係之方法。但一般而言，累加法（adding method）及倍加法（doubling method）是比較常用的。而離散縱標法及球面調和函數法也可應用在某些個案，甚至是應用在非均勻大氣的情況下。但實際上，對數值結果及計算效率而言，離散縱標法及球面調和函數法仍然不及前述其他方法。

9.4 地表反照率的影響

在第四章裡曾經討論到加入地表後的影響，當時假設整個地表都

是藍伯面(地表是均向散射的)。一般而言這並不是一個真實的情況,但在某些應用中其結果卻能達到一定的準確度。有些研究針對藍伯面以外的其他地表進行討論,其中在鏡面反射之地表,有部分結果是可用的。這方面可參考Tanré的畢業論文及Deepak et al. 在1980年的研究。

9.5 其他的計算技術

在本書中提到許多求取精確解的方法,這些方法在非均向散射的情況下,其準確度大都優於離散縱標法或是與離散縱標法相近。在第七章當中曾經將離散縱標法與這些求取精確解之方法相比,在某些情況下其解是相近的。在本節中將針對幾種求取精確解之方法進行討論。

9.5.1 累加法與倍加法

這兩種方法是類似的,並且都是以下列之假設為基礎:假設有兩個具有光學活性介質之薄層,並假設這兩個薄層的反射及透射特性是已知的。若將這兩個薄層疊在一起,再考慮此兩薄層間的多次透射及反射,則將可定義此兩薄層的整體之透射及反射特性。在大部分基本的情況下,可利用圖9-1及圖9-2來表示此兩薄層間的反射及透射情形。在接下來的討論中,R 代表反射係數,T 代表透射係數,下標1代表位在上方之薄層,下標2則代表位在下方之薄層。

在圖9-1中,離開上方薄層的輻射主要是由下面幾項所組成:

1. 入射輻射經由上方薄層之向上反射後,離開此合成之薄層,R_1。

2. 入射輻射經過上方薄層之透射，到達下方之薄層後反射向上，再經過上方薄層之透射而離開此合成之薄層，$T_1R_2T_1$。

3. 入射輻射經過上方薄層之透射，到達下方薄層後反射向上，到達上方薄層後再反射向下，回到下方薄層後再度反射向上，最後經過上方薄層之透射後離開此合成之薄層，$T_1R_2R_1R_2T_1$。

4. 至於圖9-1中剩餘的離開合成薄層之輻射，則是經過與前述三項類似的兩薄層間多次反射後，再經過上方薄層之透射而離開合成之薄層。

　　將上述各項相加，可得到此合成薄層之上方之總反射率如下：

$$R_{12} = R_1 + T_1R_2T_1 + T_1R_2R_1R_2T_1 + T_1R_2R_1R_2R_1R_2T_1 + \cdots$$

此式可整理為：

$$R_{12} = R_1 + T_1R_2T_1\left(1 + R_1R_2 + R_1^2R_2^2 + \cdots\right)$$

因為 $R_1R_2 < 1$，故上式可寫為：

$$R_{12} = R_1 + \frac{R_2T_1^2}{1 - R_1R_2} \tag{9-4}$$

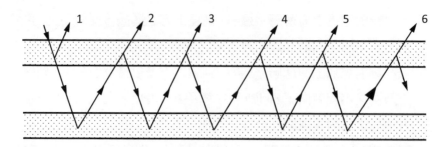

圖9-1 入射輻射在重疊兩薄層間經過多次反射後，離開上方之薄層。為了便於圖示，將兩薄層分開表示（Liou, 1980）

　　至於此合成薄層之透射率部分，則與反射率之處理方法相同，如圖9-2所示，而合成之透射率可表示如下：

$$T_{12} = T_1 T_2 + T_1 R_2 R_1 T_2 + T_1 R_2 R_1 R_2 R_1 T_2 + \cdots$$

$$= T_1 T_2 \left(1 + R_1 R_2 + R_1^2 R_2^2 + \cdots\right)$$

與反射率相同，透射率最後可寫為：

$$T_{12} = \frac{T_1 T_2}{1 - R_1 R_2} \tag{9-5}$$

此時可發現，（9-4）式與（4-37）式地表與大氣總雙向反射率及（4-38）式地表與大氣系統之平面反照率之形式非常類似。

　　至此本節所描述的都是一階散射的情形，而在實際的應用上，也就是在多次散射（multiple scattering）時，（9-4）式及（9-5）式中等

號右側的乘積項之小數點以下位數必須要保留，而另外透射率或反射率間之乘積則可由各方向之積分來計算，如下式所示（詳見Liou, 1980）：

$$A_1 B_2 = 2\int_0^1 A(\tau_1;\mu,\mu')B(\tau_2;\mu',\mu_0)\mu'd\mu'$$

其中 A 與 B 可以為反射率或是透射率。另外一種方法則是將 R 與 T 以矩陣表示，矩陣當中每一項則代表反射及透射係數在各個方向之組合的積分。此方法主要的目的是希望能直接應用在電腦上，這方面的應用實例，可參考 Twomey et al.（1966），以及 Grant and Hunt（1968a, 1968b, 1969）與 Hunt and Grant（1969）之相關論文。

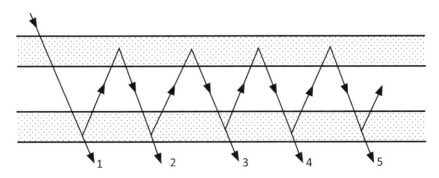

圖9-2 入射輻射在重疊兩薄層間經過多次反射後，離開下方之薄層。為了便於圖示，將兩薄層分開表示（Liou, 1980）

關於累加法及倍加法，都是利用（9-4）式及（9-5）式的通式。倍加法適合應用在均勻大氣的情況，假設有一非常薄之薄層，令其光程為 $\Delta\tau = 1\times 10^{-20}$，此薄層之反射及透射係數皆是由第六章之薄層

大氣解（（5-16）式及（5-21）式）所計算得到。若假設兩薄層之厚度及 R、T 皆相同，則可利用（9-4）式及（9-5）式的通式，計算 $2\Delta\tau$ 時的 R 及 T。接著可利用 $2\Delta\tau$ 時的 R 及 T 求得 $4\Delta\tau$ 與 $8\Delta\tau$ 時之 R 與 T，依此類推。此方法將光程不斷的加倍，直到達到所需要之光程為止，由以上的描述可知，倍加法只能應用在均勻之大氣。

累加法與倍加法類似，但可應用在不均勻之大氣。假設有一不均勻層，且被分為數個薄層，在每一個薄層中，皆分別利用薄層大氣解（或是倍加法）計算其 R 與 T。之後便可利用（9-4）式及（9-5）式之適當形式，求得 R_{12} 及 T_{12}。此時便可加入第三層薄層，求得 R_{123} 及 T_{123}，依此類推，便可得到整層大氣之 R 與 T。Liou 在1980年的著作中列出了一些由離散縱標法及倍加法所計算得到之反射及透射係數，在後續應用上有相當大的幫助。

在1983年時，Coakley, Cess and Yurevich 則提出了另一個方法，此方法將 δ 艾丁頓法結合累加法和倍加法，求得反射及透射係數。

9.5.2 球面調和法（The spherical harmonics method）

球面調和法與離散縱標法非常類似，事實上離散縱標法是球面調和法的特殊形式。在此所討論的是方位角對稱之情況，並假設輻射強度和相位函數一樣，可利用勒壤得多項式將其展開為：

$$I(\tau,\mu) = \sum_{m=0}^{N} \frac{2m+1}{4\pi} P_m(\mu)\psi_m(\tau) \qquad (9\text{-}6)$$

其中 $\psi_m(\tau)$ 是一係數，僅為 τ 之函數，而相位函數則可展開為：

$$P(\mu,\mu') = \sum_{n=0}^{N}(2n+1)f_n P_n(\mu)P_n(\mu') \qquad （9\text{-}7）$$

將（9-6）式及（9-7）式代入輻射傳送方程，簡化後可得到一 $\psi_m(\tau)$ 之微分方程如下：

$$(m+1)\frac{d\psi_{m+1}}{d\tau} + m\frac{d\psi_{m-1}}{d\tau} + (2m-1)(1-\widetilde{\omega}\,f_m)\,\psi_m$$

$$= 4\pi(1-\widetilde{\omega})B(T)\delta_0 m \qquad , \qquad (f_0=1) \qquad （9\text{-}8）$$

其中 $B(T)$ 為卜郎克函數。在均向散射時，除了 $f_0 = 1$ 外，所有的 f_m 都將等於零。在（9-6）式中，若保留 N 項的展開式（P_n 近似），則（9-8）式將為一組具有 $N+1$ 個線性常微分方程的方程組（分別為 ψ_0、ψ_1、$\cdots$、ψ_n 之線性常微分方程）。如果將此方程組代回（9-6）式，將可求得在不同 τ 及 μ 時之輻射強度。

關於上述之 P_n 方法，實際上其邊界條件是難以精確地滿足的，故一般而言需要利用一些近似的方法。這部分與之前曾經提到的艾丁頓法有關，而事實上在球面調和法當中，當 $N=0$ 及 $N=1$ 時，其方程式正好就是艾丁頓方程。這部分可參考 Özisik 在 1973 年之著作，其內容主要是關於 P_n 方法及處理其邊界條件之方法的討論。此外也可

參考 Kourganoff（1963）及 Lenoble（1977）之論文。

9.5.3 蒙地卡羅法（Monte Carlo method）

　　蒙地卡羅法是將光子連續地射入介質中，並針對其中某一個光子，追蹤其在介質中的三維空間位置隨時間之變化。當此光子遇到吸收或散射之介質時，將會使用一適當的機率（吸收或散射發生之機率），以描述當時將會發生何種光子與介質間的交互作用。如果是吸收作用，則計算將會停止，此光子的能量將會轉換為介質的能量，而同時另一個光子將會被射入介質。若發生散射作用，光子散射的角度將會根據相位函數隨機定義。此方法將會追蹤光子，隨著其散射或吸收作用的發生，直到光子離開大氣層頂。由此描述可知，此方法必須要追蹤非常多的光子（約數十萬個），以提供足夠的樣本數，進而定義反射、透射及吸收之分布。此方法可能是唯一一個可應用在任何輻射傳送問題的方法，例如非對稱或非均勻的情況。此外，也是一個可能最接近"精確解"的方法。但是此方法的電腦硬體需求非常的高，同時也需要相當長的計算時間。因此，蒙地卡羅法勢必需要非常多的計算時間。在此之後，發展了許多計算方法，希望能縮短蒙地卡羅法的計算時間，並保有其準確度，但是卻會限制其應用範圍。所以綜合以上之描述，此方法的功用在於可提供一些結果作為基準點，讓其他較快速但較不準確之方法可評估其準確度，另外亦可在某些其他方法無法應用的範圍提供其計算結果。

　　關於蒙地卡羅法，可參考Irvine and Lenoble（1973）及Hansen and Travis（1974）之論文。此外Kattawar and Plass（1968）及Plass and Kattawar（1968）的論文中則對於此方法在輻射傳送問題中的應用做

了非常好的描述。

　　除了本書中所提到的方法外，還有許多其他的方法嘗試求解輻射傳送方程，其準確度也各有不同。包括凱斯（Case）的特徵值展開法（eigenvalue expansion method）、高斯塞德法（Gauss-Seidel method）（為一數值技巧）等。其中一些方法在Irvine and Lenoble（1973）的論文中有簡短的討論，此外在Hansen and Travis（1974）的論文以及Özisik（1973）的著作中，則有較具體的描述。另外，Lenoble在1977的論文中，則有較為廣泛的討論，其中提到許多的參考文獻與基本方程。

9.6 非均勻大氣

　　在本書中，幾乎所有討論過之方法都只能應用在均勻大氣中，但有許多研究也曾經嘗試將這些方法應用在非均勻之大氣。這些研究大都是將大氣分為數個薄層，再分別對每個薄層進行計算。此方法與本書中所提到方法類似，而其差異主要在於邊界條件的應用。在非均勻大氣中，漫射輻射為零之邊界條件只能用在最上層的頂部及最下層的底部，至於位在中間的其他層，其邊界條件之設定，必須要確定通量或能量在每一層間是連續的。如此將會得到一組代數方程，同時必須在每一層分別求解其常係數（例如（5-89）式及（5-91）式當中的 A 及 B，在每一層中將會有不同的值）。Liou（1973）及 Wiscombe（1977）分別利用離散縱標法及 δ 艾丁頓法完成了這方面的計算，與累加法（精確解）比較後發現，由這兩種計算方法可得到準確之結果。

9.7 其他問題

最後，在輻射傳送原理中仍有許多問題，在本書中並沒有提到。例如，在平行平面大氣中加入水平的不均勻性（雲，或是由於氣候與氣象上之影響所產生之光學性質變化），或是對平行平面假設之修正（如考慮球面大氣）。除了這些問題外，有些問題則已由中子物理學家所討論，這主要是因為中子在吸收及散射介質中行進時，可利用與本書中輻射傳送方程非常類似之方程式來描述，這兩種方程式的主要差異在於，中子可以不同速度前進，而本書中所討論的光子則都以光速行進。

另外，陰影的影響也是其中一個問題，舉例來說，粒子 A 在粒子 B 上的陰影將會阻止粒子 B 與入射輻射之交互作用。由 Van de Hurst 在1957年的研究中，證明了當粒子間的平均間距小於粒子半徑的四或五倍時，此情況將有可能會發生。這個問題從未在大氣輻射傳送中被討論到，但在中子理論中則是可被提出來討論的。

近十年來，許多文獻已開始著手討論另一個問題，也就是極化之輻射分量在大氣中的傳送，這部分可應用在大氣成分之分析，以及來自海面、雲之輻射的研究。在大部分的情況下，此問題可用數值或解析之方法解決，將本書中曾經提到之純量方程以向量方程取代（強度純量變為四個分量之向量，其分量為司托克士參數（Stokes parameters）（Deirmendjian, 1969; Van de Hurst, 1957; Hansen and Travis, 1974）），而相位函數則變為一個4 × 4的相矩陣（phase matrix），矩陣中的分量可描述由單次散射所產生之極化特性。在本章中曾提到許多數值技巧（累加法、倍加法等），這些技巧在經過一些解析之步驟後，

將可用來分析極化之輻射場（Irvine and Lenoble, 1973; Lenoble, 1977）。至於極化的瑞立散射，則已在錢卓塞卡（1960）及Liou（1980）的書中討論過，之後Sekera也作了一些這方面的相關研究（Lenoble, 1977）。

附錄 勒壤得多項式加法定理

拉卜拉士方程(Laplace equation) $\nabla^2 u = 0$ 可用球座標系表示為

$$\nabla^2 u = \frac{1}{r^2}\frac{\partial}{\partial r}\left(r^2\frac{\partial u}{\partial r}\right) + \frac{1}{r^2\sin\theta}\frac{\partial}{\partial \theta}\left(\sin\theta\frac{\partial u}{\partial \theta}\right) + \frac{1}{r^2\sin^2\theta}\frac{\partial^2 u}{\partial \phi^2} = 0 \qquad （1）$$

拉卜拉士方程在球座標系中是可分離的，故可假設

$$u = R(r)S(\theta,\phi) \qquad （2）$$

將(2)式代入(1)式，將變數分離後可以得到

$$\frac{\partial}{\partial r}\left(r^2\frac{dR}{dr}\right) - \alpha R = 0 \qquad （3）$$

$$\frac{1}{\sin\theta}\frac{\partial}{\partial \theta}\left(\sin\theta\frac{\partial S}{\partial \theta}\right) + \frac{1}{\sin^2\theta}\frac{\partial^2 S}{\partial \phi^2} = -\alpha S \qquad （4）$$

其中 α 是分離變數時所引進的參數。將(4)式繼續以分離變數法求解，假設

$$S(\theta,\phi) = \theta_0(\theta)\Phi(\phi) \qquad （5）$$

代入(4)式後可以得到

$$\frac{d^2\Phi}{d\phi^2} + m^2\Phi = 0 \qquad \left(0 \le \phi \le 2\pi\right) \qquad (6)$$

$$\frac{1}{\sin\theta}\frac{d}{d\theta}\left(\sin\theta\frac{d\theta_0}{d\theta}\right) + \left(\alpha - \frac{m^2}{\sin^2\theta}\right)\theta_0 = 0 \qquad \left(0 \le \theta \le \pi\right) \quad (7)$$

其中 m 為分離變數時引進的參數。由邊界條件可求解(6)式得到

$$\Phi \approx e^{im\phi} \qquad (8)$$

令 $\mu = \cos\theta$，則(7)式可寫為

$$\frac{d}{d\mu}\left[\left(1-\mu^2\right)\frac{d\theta_0}{d\mu}\right] + \left(\alpha - \frac{m^2}{1-\mu^2}\right)\theta_0 = 0 \qquad (9)$$

(9)式為連帶的勒壤得方程(associated Legendre differential equation)，當

$$\alpha = \ell\left(\ell+1\right) \qquad \ell = 0,1,... \qquad (10)$$

此時，(9)式在 $0 \le \theta \le \pi$ 範圍內才有有界的解，此時的解稱為第一類連帶勒壤得函數(associated Legendre function)

$$\theta_0 = P_\ell^m\left(\mu\right) = P_\ell^m\left(\cos\theta\right) \qquad (11)$$

故(4)式的解為

$$S_\ell(\theta,\phi) = P_\ell^m(\cos\theta)e^{im\phi} \qquad (12)$$

$S_\ell(\theta,\phi)$ 稱為球面調和函數(spherical harmonics)。在(4)式中，等號左邊第二項裡的微分算符即為單位半徑球面上的拉卜拉士算符。單位半徑球面上的拉卜拉士算符之特徵函數即為球面調和函數，其特徵值為 $\alpha = \ell(\ell+1)$，ℓ 為正整數或零。任何滿足(4)式的函數 $F_\ell(\theta,\phi)$ 皆可用球面調和函數展開如下：

$$F_\ell(\theta,\phi) = \sum_{m=-\ell}^{\ell} A_m P_\ell^m(\cos\theta)e^{im\phi} \qquad (13)$$

將(13)式等號左右兩側同乘以 $P_\ell^{-n}(\cos\theta)e^{-in\phi}$，對所有立體角積分，並利用以下之關係式

$$\int_0^{2\pi} e^{i(m-n)\phi}d\phi = 2\pi\delta_{mn} \qquad (14)$$

$$\int_0^{\pi} P_\ell^m(\cos\theta)P_k^m(\cos\theta)\sin\theta\, d\theta = \frac{2(\ell+m)!}{(2\ell+1)(\ell-m)!}\delta_{k\ell} \qquad (15)$$

$$P_\ell^{-m}(x) = (-1)^m \frac{(\ell-m)!}{(\ell+m)!}P_\ell^m(x) \qquad m>0 \qquad (16)$$

可得到

$$A_n = (-1)^n \frac{2\ell+1}{4\pi} \int_{4\pi} F_\ell(\theta,\phi) P_\ell^{-n}(\cos\theta) e^{-in\phi} d\Omega \qquad （17）$$

其中為 $d\Omega$ 立體角元素，δ_{mn} 為克氏符號。如圖 1 所示，對以 O 為球心的球面上兩點 B 與 C 來說，以 OZ 為極軸，B 與 C 點的座標分別是$(1,,)(1,\theta,\phi)$和$(1,\theta',\phi')$。因此可以得到以下的方程式：

$$\cos\theta_0 = \cos\theta\cos\theta' + \sin\theta\sin\theta'\cos(\phi-\phi') \qquad （18）$$

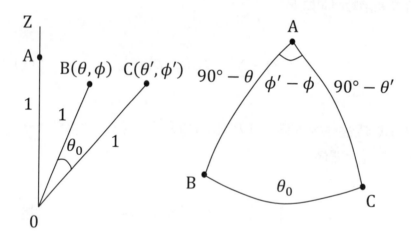

圖 1 球面上 A、B、C 三點之相對關係

若將球座標的極軸由 OZ 換到 OC，則 B 點的座標將由$(1,\theta,\phi)$改為$(1,\theta_0,\chi)$，χ 為新的方位角，故

$$S(\theta,\phi) = S[\theta(\theta_0,\chi),\phi(\theta_0,\chi)] = C(\theta_0,\chi) \qquad （19）$$

則(4)式可改寫為

$$\frac{1}{\sin\theta_0}\frac{\partial}{\partial\theta_0}\left(\sin\theta_0\frac{\partial C}{\partial\theta_0}\right)+\frac{1}{\sin^2\theta_0}\frac{\partial^2 C}{\partial\chi^2}=-\ell(\ell+1)C \tag{20}$$

(20)式的解則為

$$C_\ell(\theta_0,\chi)=P_\ell^m(\cos\theta_0)e^{im\chi} \tag{21}$$

由(21)式可知，$P_\ell(\cos\theta_0)$為其中的一個解。如果用原本的變數 θ 及 ϕ 表示，應可滿足(4)式，故 $P_\ell(\cos\theta_0)$ 可表示如下：

$$P_\ell(\cos\theta_0)=\sum_{n=-1}^{\ell}A_n P_\ell^n(\cos\theta)e^{in\phi} \tag{22}$$

如(17)式所示，A_n 可由下式求得

$$A_n=(-1)^n\frac{2\ell+1}{4\pi}\int_{4\pi}P_\ell(\cos\theta_0)P_\ell^{-n}(\cos\theta)e^{-in\phi}d\Omega \tag{23}$$

其中 $P_\ell^{-n}(\cos\theta)e^{-in\phi}$ 為(4)式之解，若以 θ_0 及 χ 表示，應可滿足(20)式，故可用 $C_\ell(\theta_0,\chi)$ 的線性組合表示

$$P_\ell^{-n}(\cos\theta)e^{-in\phi}=\sum_{m=-\ell}^{\ell}B_m P_\ell^m(\cos\theta_0)e^{im\chi} \tag{24}$$

將上式代入(23)式可得到

$$
\begin{aligned}
A_n &= (-1)^n \frac{2\ell+1}{4\pi} \int_{4\pi} P_\ell(\cos\theta_0) \sum_{m=-\ell}^{\ell} B_m P_\ell^m(\cos\theta_0) e^{im\chi} d\Omega \\
&= (-1)^n \frac{2\ell+1}{4\pi} \cdot 2\pi \cdot \frac{2}{2\ell+1} B_0 \\
&= (-1)^n B_0
\end{aligned}
\tag{25}
$$

當 $\theta_0 = 0$ 時，$\theta = \theta'$，$\phi = \phi'$，$P_\ell^m(\cos\theta_0) = P_\ell^m(1) = \delta_{m0}$。由(24)式即可求得 B_0 如下：

$$
B_0 = P_\ell^{-n}(\cos\theta') e^{-in\phi'}
\tag{26}
$$

將上式代入附(1-22)式可得到

$$
\begin{aligned}
P_\ell(\cos\theta_0) &= \sum_{m=-1}^{\ell} (-1)^m P_\ell^m(\cos\theta) P_\ell^{-m}(\cos\theta') e^{im(\phi-\phi')} \\
&= \sum_{m=-1}^{\ell} \frac{(\ell-m)!}{(\ell+m)!} P_\ell^m(\cos\theta) P_\ell^m(\cos\theta') e^{im(\phi-\phi')} \\
&= \sum_{m=0}^{\ell} \left(2-\delta_{0m}\right) \frac{(\ell-m)!}{(\ell+m)!} P_\ell^m(\mu) P_\ell^m(\mu') \cos m(\phi-\phi')
\end{aligned}
\tag{27}
$$

上式即為勒壤得多項式的加法定理。

索引

外文索引

中文索引

一　劃

二　劃

四　劃

五　劃

十二劃

十三劃

十五劃

十六劃

十七劃

十八劃以上

參考文獻

曾忠一，1983：大氣遙測原理與應用。衛星氣象訓練教材 001 號，287
頁，中央氣象局，台灣台北市。

曾忠一，1988：大氣輻射。大學科學叢書⑤，360 頁，聯經出版事業公
司，台灣台北市。

曾忠一，1988：大氣輻射續篇。中央研究院物理研究所，289 頁，台灣
台北市。

曾忠一，1988：大氣衛星遙測學。國立編譯館主編，630 頁，渤海堂文
化出版，台灣台北市。

王寶貫，1997：雲物理學。國立編譯館主編，382 頁，渤海堂文化出版
，台灣台北市。

Abramowitz, M., and I. A. Stegun, 1970: *Handbook of Mathematical Functions*.
Dover Publ., Inc.

Acquista, C., F. House, and J. Jafolla, 1981: N-Stream Approximations to
Radiative Transfer. *J. Atmos. Sci.*, Vol. 38, 1446-1451.

Ambartsumyan, V. A., (J. B. Sykes, transl.) 1958: *Theoretical Astrophysics*.
Pergamon Press, Inc.

Anding, D., 1969: *Band-Model Methods for Computing Atmospheric Slant-Path
Molecular Absorption and Emission: A Course in Infrared Detection*.
Univ. of Michigan.

Buglia, J. J., 1982: *A Tutorial Solution to Scattering of Radiation in a Thin
Atmosphere Bounded Below by a Diffusely Reflecting, Absorbing Surface*.
NASA TP-2077.

Chandrasekhar, S.,1960: *Radiative Transfer*. Dover Publ., Inc.

Coakley, J. A., Jr., and P. Chýlek, 1975: The Two-Stream Approximation in
Radiative Transfer: Including the Angle of the Incident Radiation. *J.
Atmos. Sci.*, Vol. 32, No. 2, 409-418.

Coakley, J. A., Jr., R. D. Cess, and F. B. Yurevich, 1983: The Effect of
Tropospheric Aerosols on the Earth's Radiation Budget: A

Parameterization for Climate Models. *J. Atmos. Sci.*, Vol. 40, No. 1, 116-138.

Deepak, A., 1980: *Remote Sensing of Atmospheres and Oceans*. Academic Press, Inc.

Deirmendjian, D., 1969: *Electromagnetic Scattering on Spherical Polydispersions*. American Elsevier Pub. Co.

Goody, R. M., 1964: *Atmospheric Radiation. I: Theoretical Basis*. Oxford Univ. Press.

Grant, I. P., and G. E. Hunt, 1968a: Solution of Radiative Transfer Problems Using the Invariant Sn Method. *Mon. Not. R. Astron. Soc.*, Vol. 141, No. 1, 27-41.

Grant, I. P., and G. E. Hunt, 1968b: Solution of Radiative Transfer Problems in Planetary Atmospheres. *Icarus*, Vol. 9, No. 3, 526-534.

Grant, I. P., and G. E. Hunt, 1969a: Discrete Space Theory of Radiative Transfer. Parts I – Fundamentals. *Proc. R. Soc. London*, Vol. 313, No. 1513, 183-197.

Grant, I. P., and G. E. Hunt, 1969b: Discrete Space Theory of Radiative Transfer. Parts II – Stability and Non-Negativity. *Proc. R. Soc. London*, Vol. 313, No. 1513, 199-216.

Hansen, J. E., and L. D. Travis, 1974: Light Scattering in Planetary Atmospheres. *Space Sci. Rev.*, Vol. 16, No. 4, 527-610.

Hunt, G. E., and I. P. Grant, 1969: Discrete Space Theory of Radiative Transfer and Its Application to Problems in Planetary Atmospheres. *J. Atmos. Sci.*, Vol. 26, No. 5, 963-972.

Irvine, W. M., 1968: Multiple Scattering by Large Particles. II. Optically Thick Layers. *Astron. J.*, Vol. 152, No. 3, 823-834.

Irvine, W. M., 1975: Multiple Scattering in Planetary Atmospheres. *Icarus*, Vol. 25, No. 2, 175-204.

Irvine, W. M., and J. Lenoble, 1973: *Solving Multiple Scattering Problems in Planetary Atmospheres. Proceedings – The UCLA International Conference on Radiation and Remote Probing of the Atmosphere*, Jacob G. Kuriyan, ed., Dep. Meteorol., Univ. of California, 1-57.

Joseph, J. H., W. J. Wiscombe, and J. A. Weinman, 1976: The Delta-Eddington

Approximation for Radiative Flux Transfer. *J. Atmos. Sci.*, Vol. 33, No. 12, 2452-2459.

Kattawar, G. W., and G. N. Plass, 1968: Radiance and Polarization of Multiple Scattered Light from Haze and Clouds. *Appl. Opt.*, Vol. 7, No. 8, 1519-1527.

Kerker, M., 1969: *The Scattering of Light and Other Electromagnetic Radiation*. Academic Press, Inc.

Kourganoff, V., 1963: *Basic Methods in Transfer Problems*. Dover Publ., Inc.

Lenoble, J., 1977: *Standard Procedures to Compute Atmospheric Radiative Transfer in a Scattering Atmosphere*. International Association of Meteorology and Atmospheric Physics (IAMAP) Radiation Commission.

Liou, K.-N., 1973: Transfer of Solar Irradiance through Cirrus Cloud Layers. *J. Geophys. Res.*, Vol. 78, No. 9, 1409-1418.

Liou, K.-N., 1980: *An Introduction to Atmospheric Radiation*. Academic Press, Inc.

Lyzenga, D. R., 1973: Note on the Modified Two-Stream Approximation of Sagan and Pollack. *Icarus*, Vol. 19, No. 2, 240-243.

Meador, W. E., and W. R. Weaver, 1980: Two-Stream Approximations to Radiative Transfer in Planetary Atmospheres: A Unified Description of Existing Methods and a New Improvement. *J. Atmos. Sci.*, Vol. 37, No. 3, 630-643.

Özisik, M. N., 1973: *Radiative Transfer*. John Wiley & Sons, Inc.

Penndorf, R. B., 1962: Scattering and Extinction Coefficients for Small Absorbing and Nonabsorbing Aerosols. *J. Opt. Soc. America*, Vol. 52, No. 8, 896-904.

Plass, G. N., 1966: Mie Scattering and Absorption Cross Sections for Absorbing Particles. *Appl. Opt.*, Vol. 5, No. 2, 279-285.

Plass, G. N., and G. W. Kattawar, 1968: Monte Carlo Calculations of Light Scattering from Clouds. *Appl. Opt.*, Vol. 7, No. 3, 415-419.

Rodgers, C. D., 1976: *Approximate Methods of Calculating Transmission by Bands of Spectral Lines*. NCAR/TN-116+1A (Contract NSF C-760). (Available from NTIS as PB 252 367)

Sagan, C., and J. B. Pollack, 1967: Anisotropic Nonconservative Scattering and the Clouds of Venus. *J. Geophys. Res.*, Vol. 72, No. 2, 469-477.

Sobolev, V. V., (W. M. Irvine, transl.) 1975: *Light Scattering in Planetary Atmospheres*. Pergamon Press.

Stratton, J. A., 1941: *Electromagnetic Theory*. McGraw-Hill Book Co., Inc.

Tanré, D., 1982: *Interaction Rayonnement – Aerosols Applications à la Teledetection et au Calcul du Bilan Radiatif*. Docteur des Sciences Physiques Thèse, L'Université des Sciences et Techniques de Lille (France).

Twomey, S., H. Jacobowitz, and H. B. Howell, 1966: Matrix Methods for Multiple-Scattering Problems. *J. Atmos. Sci.*, Vol. 23, No. 3, 289-296.

Van de Hulst, H. C., 1957: *Light Scattering by Small Particles*. John Wiley & Sons, Inc.

Wiscombe, W. J., 1977: *The Delta-Eddington Approximation for a Vertically Inhomogeneous Atmosphere*. NCAR/TN-121+STR (Contract ATM 72-10157). (Available from NTIS as PB 270 618)

Wiscombe, W. J., and G. W. Grams, 1976: The Backscattered Fraction in Two-Stream Approximations. *J. Atmos. Sci.*, Vol. 33, No. 12, 2440-2451.

國家圖書館出版品預行編目（CIP）資料

大氣輻射傳送原理 / 劉振榮著 . -- 初版 . -- 桃園市：中央大學
　出版中心；臺北市：遠流，2019.11
　　　面；　公分
　ISBN 978-986-5659-27-1（平裝）

　1. 大氣輻射

328.483　　　　　　　　　　　　　　　　　　108017482

大氣輻射傳送原理

著者──劉振榮
執行編輯──王怡靜

出版單位──國立中央大學出版中心
　　　　　　桃園市中壢區中大路 300 號

　　　　　　遠流出版事業股份有限公司
　　　　　　台北市南昌路二段 81 號 6 樓

展售處／發行單位──遠流出版事業股份有限公司
地址──台北市南昌路二段 81 號 6 樓
電話──(02) 23926899　傳真──(02) 23926658
劃撥帳號──0189456-1

著作權顧問──蕭雄淋律師
2019 年 11 月 初版一刷
售價──新台幣 500 元
如有缺頁或破損，請寄回更換
ISBN 978-986-5659-27-1（平裝）
GPN 1010801762
遠流博識網 http://www.ylib.com　E-mail: ylib@ylib.com